농어촌유산과
에코뮤지엄

농어촌유산과
에코뮤지엄

초판 1쇄 인쇄 | 2016년 02월 15일
초판 1쇄 발행 | 2016년 02월 25일

글·사진 | 윤원근 · 최식인 · 이차희 · 김두환 · 한지형
박윤호 · 구진혁 · 전영옥 · 이정환
(한국농어촌유산학회)

발행인 | 김남석
발행처 | ㈜대원사
주 소 | 135-945 서울시 강남구 양재대로 55길 37, 302
전 화 | (02)757-6711, 6717~9
팩시밀리 | (02)775-8043
등록번호 | 2011-000081호
홈페이지 | http://www.daewonsa.co.kr

값 15,000원

Daewonsa Publishing Co., Ltd
Printed in Korea 2016

ISBN | 978-89-369-1953-5

이 책의 국립중앙도서관 출판시 도서목록(CIP)은 e-CIP홈페이지(http://www.nl.go.kr/ecip)에서
이용하실 수 있습니다. (CIP제어번호 : 2016007143)

농어촌유산과
에코뮤지엄

대원사

머리말

2012년 FAO의 세계중요농업유산제도(GIAHS)가 우리 사회에 소개되었다. 농림축산식품부는 국가농업유산제도, 해양수산부는 국가어업유산제도를 각각 도입·시행하고 있다.

2016년 3월 현재 9개 지역이 국가농어업유산지역으로 지정되었고, 청산도의 구들장 논과 제주도의 밭담은 세계중요농업지역으로 등재되었다. 이제, 우리의 관심은 농촌유산과 농촌지역사회의 활성화 방안에 대한 연계를 모색하는 방향으로 진일보하고 있다.

본서는 농촌유산을 에코뮤지엄(Eco-Museum)의 시각에서 보전과 활용을 동시에 추구하면서 농촌을 활성화할 수 있는 정책 모델을 제시하고자 하였다. 기존 정책과 대비되는 보전을 통한 농촌 발전을 모색하는 정책 축의 형성과 개발에서 보전이라는 패러다임의 전환을 염두에 두고 있다. 도·농 간의 생활환경 및 소득수준의 격차해소를 목표로 하는 이른바 개발 중심적인 정책 추진에서 오는 국토 공간의 난개발을 치료하고, 농촌유산에 기초한 지역 나름의 정체성 있는 농촌 공간의 재창조라는 미래를 가정하고 있다. 나아가서는 국가 및 세계농업유산지역의 보전활용계획(Conservation Action Plan)의 수립이라는 현안 과제의 해결에도 실질적인 도움이 될 것이다.

본서는 농림축산식품부 농어촌연구원(2014)의 '에코뮤지엄시범 조성 모델 개발 연구'를 기초로 하였음을 밝히며, 마지막으로 농업·농촌문화유산 분야 연구서적의 발간에 앞장서 주시는 대원사 김남석 대표님께 감사의 말씀을 드린다.

한국농어촌유산학회장 윤원근

차 례

제3장 국내 보전 관련 정책

제1장
농촌유산

농촌유산의 개념

우리 농촌에는 가치 있는 자원이 많다. 그 가운데는 이미 발굴되어 국가중요농업유산이나 문화재로 지정된 것도 있지만 아직 발굴되지 않은 채 묻혀 있는 귀중한 자원이 더 많다. 이 책에서는 이와 같이 농촌 지역에 있으며 후대에 물려줄 만한 가치를 지닌 모든 자원을 '농촌유산'으로 규정하기로 한다.

'농촌유산(Rural Heritage)'이라는 개념은 사실 유럽에서 이미 사용된 바 있다.[1] 우리나라의 경우는 농축식품부의 위촉으로 농어촌연구원에서 수행한 한 연구에서 유럽의 농촌유산 개념을 우리 실정에 맞게 재정의한 바 있다. 이 연구(2012)[2]에서는 한국의 농촌유산을 "농어촌 주민의 전통적 농림어업활동 및 일상생활과 밀접한 관련을 맺으면서 오랜 시간에 걸쳐 형성되어 온 지역사회의 차별적이고 독특한 유·무형의 자원"으로 정의하였

*****

1) CEMAT(2003),「European Rural Heritage Observation Guide」

2) 한국농어촌공사 농어촌연구원(2012),「농어촌 자원의 농어업유산 지정을 위한 기준 정립 및 관리 시스템 개발 연구」

다. 이같이 정의된 한국의 농촌유산[3]에는 농어촌 지역 주민의 모든 생산 활동뿐만 아니라 일상생활과 관련된 자원이 모두 포함된다. 그러므로 농촌유산이란, 사실상 가장 넓은 의미로 규정한 유산에 대한 정의라고 할 수 있다.

이 책은 서구에서 발전해 온 에코뮤지엄(Ecomuseum) 개념을 우리 농촌 지역에 적용하여 한국의 농촌 에코뮤지엄을 설계하는 데 초점을 두었다. 농촌 에코뮤지엄이 무엇을 의미하는지에 대한 구체적인 설명은 다음 장에 이어지므로 여기서는 농촌 주민이 주체가 되어 지역의 농촌유산을 현장에서 보전하며, 이를 지역 내외에 전시하는 전원박물관의 의미를 갖는 것으로 이해하고 넘어가기로 하자.[4] 이 같은 성격을 갖는 농촌 에코뮤지엄에서는 농촌 지역의 가치 있는 자원, 즉 농촌유산이 전시의 내용물이다. 다시 말하면 이 책의 주제인 한국 농촌 에코뮤지엄 설계에서는 전시의 대상이 되는 내용물을 농촌유산으로 개념 짓기로 한다. 그 이유는 앞서 언급한 바와 같이 이 개념이 우리 농촌이 간직하고 있는 가치 있는 유산을 모두 포함하기에 적합하기 때문이다.[5]

*****

3) '농촌유산'은 농촌과 어촌의 유산을 모두 포함하는 의미로 사용한다.

4) 에코뮤지엄은 우리나라에 전원박물관, 지붕 없는 박물관, 지역박물관 등으로 소개된 바 있다. 이와 관련된 연구로 방한영(2003)의 「농촌 활성화를 위한 지역유산 활용 및 마을 만들기에 대한 연구」 청주대 박사학위논문과 박헌춘(2011)의 「에코뮤지엄 개념을 적용한 농촌 마을 만들기」 충북대 박사학위논문을 들 수 있다.

5) 농촌유산 및 농어업유산 개념과 관련된 설명은 한국농어촌유산학회(2014)의 「농어업유산의 이해」 참고

농촌유산의 성격과 분류

농촌유산에는 이 외에도 국가농어업유산제 농촌유산의 개념을 앞서와 같이 정의할 경우, 여기에는 현재 시행되고 있는 국가농어업유산 제도의 대상이 되는 농업유산과 어업유산이 모두 포함된다. 특히 농어업유산은 농촌 에코뮤지엄에서 가장 중요하게 다루어야 할 대표적인 농촌유산이다. 도에 포함되지 못하는 많은 농업 관련 자원이 포함될 수 있다. 다시 말해서 국가농어업유산 지정에서는 배제되었으나 농업활동과 관련하여 가치 있는 시배지, 시목지, 초지, 각종 유적지 등이 농촌유산에 포함된다. 농촌생활과 관련된 한옥마을, 마을 숲 역시 농촌유산에 포함될 수 있다. 또한 점적·선적 요소인 전통 담장, 우물, 성황당, 제당, 장승, 철로 같은 고정자산과 종교용 제기나 농사용 기구 같은 유동자산도 포함된다.

이 외에도 농촌유산에는 농촌 지역의 환경과 전통에 적응된 결과로 얻어진 식물·과일·채소의 재래 종자, 고유 축산품종, 전통공예품 등이 포함되며, 더 넓게는 각종 생산기술, 농악, 농무, 농요, 축제 같은 무형의 사회·문화적 요소도 포함된다.

요컨대, 농촌유산은 과거에 그 지역에서 형성되어 줄곧 그 지역에 있어 온, 전승할 만한 가치가 있는 유·무형의 모든 자원을 포함한다. 그러므로 농촌유산은 그 대상 범위가 매우 넓다. 그러나 다른 지역에서 수입된 것, 예를 들어 세계 각국의 동물과 식물을 수집해 놓은 생태박물관이라든가 공원 등은 우리 유산이라고 볼 수 없으므로 농촌유산에서 배제된다.

그러면 우리의 모든 농촌 지역이 농촌유산을 가지고 있는가? 이에 대해서는 한마디로 모든 농촌 지역에 농촌유산이 있다고 말할 수 있다. 농촌은 도시와 달리 오랜 세월에 걸쳐 형성되었기 때문에 어느 농촌이나 유·무형의 귀중한 유산이 있기 마련이다.

그러나 지역마다 농촌유산의 가치 창조와 활용은 다르게 나타난다. 보유 자원이 다양하기 때문이다. 또한 그 가운데 어떤 것을 선별하여 유산으로서의 가치를 부여하느냐에 따라 지역마다 차별성이 부각될 수 있다. 이때의 '가치'란, 경제적 가치도 될 수 있고, 경제 외적인 전통·문화적 가치, 경관·환경적 가치, 생태적 가치도 될 수 있다. 가치 부여 과정에는 지역 주민의 주체적인 참여가 필요하다. 그래야 농촌유산이 지역적 고유성의 가치를 가질 수 있다. 그렇기 때문에 농촌유산은 발굴하는 것이라기보다는 창조하는 것에 가깝다. 특히 지역의 생산뿐 아니라 생활과 관련된 유산에서 문화적 요소를 찾아 가치를 부여할 경우 지역민의 자긍심을 고취할 수 있는 차별화된 농촌유산을 창조할 수 있다.

농촌유산은 그 성격에 따라 몇 가지로 분류할 수 있다. 농촌유산의 정의에 의하면 농촌유산에는 농어업 생산과 관련된 유산뿐 아니라 일반산업과 관련된 유·무형의 유산 및 일상생활과 관련된 유·무형의 유산이 모두 포함된다. 이렇듯 농촌유산은 크게 생산과 관련된 유산과 생활과 관련된 유산으로 분류된다. 생산과 관련된 유산은 다시 농어업과 관련된 농어업유산과 비농업의 산업유산으로 구분된다. 생활과 관련된 유산은 유형유산과 무형

[표 1] 농촌유산(농촌 에코뮤지엄 대상) 분류

구분	분류	종 류
유형 유산	문화유산	• 국가·지방자치단체 지정 문화재 및 자료 • 마을 형성 과정, 행정구역 변천 등 마을 관련 기록물 • 전통 가옥, 기념비, 담장, 하수로, 성황당, 제당, 장승 등 전통 건축물 • 전통 공예, 가구, 제기 등 생활 관련 기구 • 전통 의복 등 생활 관련 자료
	자연유산	• 산, 강, 계곡, 나무, 별, 물 등 주변 자연환경과 동식물, 곤충 등 • 약초, 나물 등 • 자연의 경치, 늪지, 동식물 야생 서식지 등
	농어업유산	• 전통적 농업활동 및 기술 관련 유산(다랑이 논, 구들장 논, 친환경 논, 둠벙, 계단식 밭, 건조장 등) • 특정 작물 및 독특한 경작 방법과 관련된 유산(작목별 시목지 등) • 전통적 축산활동 및 기술과 관련된 유산(방목지, 채초지 등) • 전통적 임업활동 및 기술과 관련된 유산(생산림 등) • 전통적 어업활동 및 기술과 관련된 유산(독살, 염전, 갯벌, 죽방렴, 어항 등)
	산업유산	• 농업 이외에 지역 내에서 이루어졌거나 이루어지고 있는 모든 산업유산(광산, 채석장, 공장 지대 등)
무형 유산	문화유산/ 농어업유산 관련	• 관습, 풍습, 축제, 행사, 전통 예술 등 • 전통음식 조리 방법, 생활의 지혜 • 마을 명칭의 유래, 전설 등 지역 관련 이야기 • 생활 아이디어 등 • 기타 마을과 주민공동체를 형성하는 모든 무형의 요소

* 자료 : 한국농어촌유산학회(2013),「농어업유산의 이해」, p. 63 / 농림수산식품부·농어촌연구원(2014)의「에코뮤지엄 시범 조성 모델 개발 연구」 – 방한영(2003), p. 167, 박헌춘(2011), p. 119

유산으로 분류가 가능하다. 유형유산은 다시 고정자산과 유동자산으로 구분할 수 있는데 고정자산은 가옥·무덤 등의 생활 유적, 유동자산은 제기·악기·마을 기(旗) 등을 그 예로 들 수 있다. 무형유산에는 주로 주민생활과 관련된 생활양식, 민요, 만담 등이 포함된다. 이에 더하여 농촌의 생산 및 생활 터전이 되는 자연경관이나 마을경관 등도 농촌유산에 포함된다.[6)]

*****

6) 농촌유산에는 문화재청이 지정한 문화재도 포함된다. 그러나 농촌 에코뮤지엄 설계의 대상물로서 유용성이 높은 농촌유산이란 지역 주민이 자체적으로 찾아서 가치를 부여한 유산이다. 이런 점에서 보면 이미 국가가 지정한 문화재는 농촌 에코뮤지엄상에서는 그 유용성이 그렇게 크지 않다. 일반적으로 국가에서 관리하는 문화재에는 국보, 보물, 명승, 사적 등 7가지 유형이 있으며, 시·도 지정 문화재에는 유형문화재, 무형문화재, 민속문화재, 기념물 등 4가지가 있다. 이것들은 성격에 따라 유형유산과 무형유산, 그리고 인공적인 것과 자연적인 것으로 다시 분류될 수 있다.

중요한 농촌유산

농어업유산

농촌유산 가운데 농촌 에코뮤지엄 설계에서 가장 중요하게 취급되는 것이 농어업유산이다. 농촌 에코뮤지엄의 궁극적 목적이 농촌 지역의 정체성을 확립하고 지역민의 생활을 향상시키는 것이라는 점에서 그렇다. '에코뮤지엄'이란, '살아 있는 박물관'이라는 특성이 있으므로 주민들이 유산과 더불어 활동하는 모습도 전시의 대상이 된다. 기존 박물관이 결과물만 보여 주는 것과 달리 농촌 에코뮤지엄은 생산과 생활이 이루어지는 모든 과정을 포함하여 전시하는데, 이런 특징을 가장 잘 반영하는 유산이 바로 농어업유산이다.[7]

*****

7) 농어업유산은 특히 현재 진행되고 있는 농어업활동과 관련된 것을 대상으로 하지만 농촌유산은 현재 활동이 이루어지지 않는 유산도 포함한다. 또한 농촌유산은 농어업 이외에 2·3차 산업과 관련된 산업유산도 포함하며, 무형의 유산도 단독으로 포함한다는 점에서 농어업유산보다 포괄 범위가 훨씬 넓다.

FAO의 세계중요농업유산

농업유산 개념은 2002년 FAO가 세계중요농업유산 시스템(GIAHS : Globally Important Agricultural Heritage Systems) 제도를 도입하면서 정의한 바 있다. 이때부터 농업유산(Agricultural Heritage)이라는 개념이 농업과 유산의 단순한 복합어가 아니라 일의적 의미를 갖는 개념으로 정립되었다. FAO에서 사용한 농업유산의 개념에는 농업뿐만 아니라 임업·어업과 관련된 유산도 모두 포함되었다.[8] 그러므로 FAO의 GIAHS 제도는 엄밀하게 말해서 '농림어업유산 제도'라고 볼 수 있다.[9] GIAHS 제도는 다음 세대에 전승해야 할 세계적으로 중요한 농어업기술과 생물다양성 등을 가진 농어업유산을 보전하며, 이를 통해 인간의 삶을 풍요롭게 한다는 목적에서 시작되었다. 다시 말해 이 제도는 세계적으로 귀중한 농어업유산을 발굴·보존하며, 이에 존재하는 세계적으로 중요한 가치를 갖는 생물다양성을 증진함으로써 인류의 삶과 생활을 윤택하게 한다는 목적이 있다.

FAO 홈페이지에는 GIAHS가 "지역사회의 지속 가능한 발전에 대한 열망과 환경과의 동반 적응을 통해 생물다양성이 잘 유지되고 있는 토지이용 시스템과 경관(Remarkable land use systems and landscapes which are rich in globally significant biological diversity evolving from the co—adaptation of a community with its environment and its needs and aspirations for sustainable development)"으로 정의되어 있다. 즉, GIAHS는 인류의 농경활동에 의해 오랜 세월에 걸쳐 이룩된 전통적 토지이용 시스템과 이로 인해 형성된 경관을 의미한다. 경관이라는 하드웨어적 요소

*****

8) FAO는 세계중요농업유산 목록에 인도의 전통어업 시스템을 등재한 바 있다. 그러므로 이 제도에서 농업유산은 농업, 임업, 목축업, 어업을 모두 포함하는 것으로 이해할 수 있다.

9) 한국농어촌유산학회, 「농어업유산의 이해」, pp. 18~24의 내용 일부 수정

와 경관을 구성하는 토지이용 시스템이라는 소프트웨어적 요소로 구성되어 있음을 알 수 있다.

하드웨어로서의 경관은 자연적 요소와 인공적 요소를 동시에 포함한다. 여기에서 인공적 요소란 그 시대의 농경생활과 관련된 문화적 요소를 반영한 것으로 볼 수 있다. 그러므로 이 개념에서 의미하는 '경관'이란, 단순한 자연의 경치가 아니라 자연에 인공적 요소가 가미되어 만들어진 자연·문화경관이라고 할 수 있다. 즉 자연에 지역 농림어업인의 인공적 노력이 가해져 만들어진 논, 밭, 산림, 어장 등을 말한다.

이 정의에서 '토지이용 시스템'이란, 인간의 농어업활동으로 인해 오랜 세월에 걸쳐 형성된 농지와 이에 관련된 수자원이용 시스템을 말한다. 이를 '전통적 농어업 시스템'이라고 달리 말할 수 있을 것이다. 전통적 농어업 시스템이란, 오늘날의 대량생산 시스템과 대조되는 생산 체계로서 주로 생계농업(Subsistence Farming)을 말하며, 이는 주로 가족과 소수의 종족에 의해 협업으로 이루어지는 소규모 생산활동을 의미한다. 이 같은 전통적 농어업활동에는 공동체가 오랜 기간 축적해 온 지식과 기술, 그리고 그와 관련한 독특하고 고유한 문화가 포함되어 있다. FAO는 특히 이런 점을 강조하는데, 이것이 GIAHS 제도가 다른 제도와 구별되는 차이점이다.

이상과 같이 다른 제도들이 하드웨어적 요소를 주 대상으로 하는 반면, FAO의 GIAHS 제도는 농어업 시스템이라는 소프트웨어적 요소를 강조한다는 점에서 차별성을 갖는다. FAO는 이 가운데서도 특히 생태 시스템과 관련된 지식·기술을 중시하는데, 이 같은 사실은 GIAHS 개념 정의에서 확인할 수 있다. FAO의 농업유산에서 대상이 되는 경관은 단순한 농촌경관이 아니라 생물다양성이 풍부한 경관이라고 정의하고 있다. 그러므로 FAO의 농업유산에서 생물다양성은 매우 중요한 개념 요소이고, 이때의 생물다양성이란 전통적 농어업활동에 의해 오랜 세월에 걸쳐 계승되어 온 다양한 생물 품종을 말한다.

특히 FAO는 생물다양성의 가치를 매우 중시하는데, 그 이유는 오늘날 산업화에 따른 생태 시스템 붕괴 현상이 인류의 삶을 위협할 수 있기 때문이다. 예를 들어 유전자 조작에 의한 대량생산과 고유종 파괴가 장차 인류에게 어떤 위협이 될지 아무도 모른다. 또 다른 예로 어족 자원의 무분별한 남획이 인류의 식량 자원을 고갈시켜 식량 위기를 가져올 수도 있다.

이상과 같은 의의가 있는 FAO의 농업유산은 과거·현재·미래의 연속선상에서 살아 있는 유산(Living Heritage)이라는 특성을 갖는 것으로 이해할 수 있다. 생물다양성은 전통적 농업 시스템이 계속 작동하고 있어야 존재할 수 있기 때문이다. 이런 점에서 농어업유산은 다른 유산과 달리 동적인 보전(Dynamic Conservation)이 취해져야 할 필요가 있다.

실제로 FAO의 농업유산은 세계적으로 주로 역사가 오래되고 상대적으로 개발이 덜 진행된 지역에서 발견된다. 전통적 농업 시스템이 이런 지역에 많이 남아 있기 때문이다. FAO의 농업유산 제도에서는 저개발 지역에 남아 있는 소규모 전통적 농어업 시스템을 인류의 미래 자산으로 보고 있고, 이 제도의 운영은 결과적으로 저개발국 토착민을 보호하는 데 기여하는 측면이 있다.

국가중요농업유산

우리나라는 2012년 국가중요농업유산 제도를 마련, 운영하고 있다.[10)]

*****

10) 국가중요농업유산 제도는 원래 농업뿐 아니라 어업유산도 포함하는 것으로 정의되었으나 농림수산식품부에서 해양수산부가 독립되어 나감에 따라 2015년 이후 국가중요어업유산 제도가 국가중요농업유산 제도와 별도로 운영될 예정이다. 여기서는 2012년 도입된 국가중요농업유산 제도에 기초하여 농업유산의 개념을 설명하고, 따라서 농업유산이란 농업 및 어업과 관련된 유산을 모두 포함하는 의미로 사용된다.

이 제도상의 국가중요농업유산의 개념은 앞서 설명한 FAO의 GIAHS 개념에 기초하여 정립되었다. 그러므로 우리나라 국가중요농업유산의 개념은 FAO의 세계중요농업유산의 개념과 같이 농어업과 관련된 토지이용 시스템, 경관 그리고 생물다양성을 중요한 요소로 고려하고 있다.

이 제도에서 말하는 '한국의 국가중요농업유산'이란, "농림어업인이 지역사회의 문화적, 농어업적, 또는 생물학적 환경과 깊은 관계를 맺으면서 적응 과정을 통해서 진화해 온 보전·유지 및 전승할 만한 가치가 있는 전통적 농어업(활동) 시스템과 이의 결과로 나타난 농어촌의 경관"으로 정의되었다. 이상의 정의는 FAO와 같이 소프트웨어적 요소와 하드웨어적 요소로 나누어진 것을 알 수 있다. 소프트웨어적 요소는 농어업 시스템과 관련된 것으로 전통적 농어업기술, 전통적 수자원(토지)이용 기술 및 관리 체계, 지역공동체의 지식, 풍습 등 문화 체계와 유산 지역의 생태 시스템 등이 포함된다. 하드웨어적 요소는 농어업 관련 경관으로 논밭, 농어업 관련 시설물, 어항, 어촌 등이 포함된다.

농어촌의 농업유산이 국가중요농업유산으로 지정되기 위해서는 가치평가 과정이 있어야 한다. 이 제도상에서 가치 평가는 전통성·지역성·유익성 관점에서 다음과 같이 이루어졌으며, 이는 결과적으로 국가중요농업유산의 자격 조건에 해당한다.

우선 국가중요농업유산에는 전통적이며 친환경적인 생산활동이 이루어지고 있는 전통 농어업 시스템이 존재해야 한다.

전통 농어업 시스템이란, 전통적 토지이용 시스템 및 수자원이용 시스템과 이와 관련된 농어업 기술 체계 등을 말한다. 이 외에도 전통 농어업과 관련된 축제, 풍습 등 문화적 체계와 같은 무형적 요소가 모두 포함된다. 전통 농어업 시스템에서 '전통적'이란 의미는 역사성과 시대적 고유성 개념을 포함한다. 그리고 이 개념은 현재 남아 있는 것이 많지 않다는 의미에서 희소성 개념을 암묵적으로 포함한다. 역사가 오래되었다고 해서 모두 가치 있는 것은 아니다. 오랜 역사와 함께 당대의 고유한 특성이 포함돼야 하고, 그러한 가치를 갖는 유산이 희소할 경우 높은 가치를 갖게 된다. 특히 시대적 고유성이란, 기술·환경·문화 등이 현재의 것과 다른 특징을 갖는다는 의미이다. 다시 말해서 전통 농업 시스템은 조상들이 열악한 자연조건에 직면하여 이를 극복하고 삶을 영위하는 과정에서 형성된 것이므로 여기에 조상의 지혜, 지식, 풍습 같은 시대적 고유성이 반영되어 있을 때 높은 가치를 갖는다.

그리고 농어업 시스템은 전통적임과 동시에 친환경적으로 이루어져야 한다는 것을 전제로 한다. 친환경적 시스템이란, 곧 생물다양성의 가치를 중시한다는 의미다.

이와 더불어 농업 시스템은 현재도 작동하고 있어야 한다. 즉, 국가중요농업유산 자격을 갖기 위해서는 현재 농어업 생산활동이 진행되고 있어야 한다. 이것은 매우 강한 조건으로, 이 때문에 농업유산 제도가 자연유산, 문화유산, 문화적 경관 등의 제도와 구분되는 독자성을 갖는 것이다. 현재 전통적 생산활동이 이루어지고 있어야 한다는 것은 농업유산이 지역사회 유지에 기여하고 있다는 것을 의미한다. 즉 농어업유산이 지역사회에 식량을 공급하고, 지역사회 유지, 생태계 보존, 문화 형성 등에 기여하는 기능을 가진, 살아 있는 유산으로서의 가치를 가져야 한다는 것이다.

다음으로 국가중요농업유산은 우수한 경관을 가지고 있어야 한다. 이 조건은 국가중요농업유산이 유형의 장소를 대상으로 하여 지정된다는 것을 의미한다. 이때의 경관은 농업생산지역과 인근 생물 서식지를 포함하도록 정의되었다. 농업유산에서의 경관은 전통적이고 친환경적인 토지 및 수자원이용 시스템으로 형성되었다는 점에서 그 전체의 모습이 일반적 농촌의 모습과 달리 고유한 특징을 가진다. 그러나 그러한 경관의 심미적 판단에는 자의성이 개입될 여지가 있다.

이상과 같이 국가중요농업유산 제도에서는 전통적 농업 시스템과 경관이 필수 조건이다. 이 외에 제3의 조건으로 생물다양성을 충분조건으로 고려하고 있다. 즉, 우리의 국가중요농업유산이 되기 위해서는 우수한 농어업 경관과 전통적 농어업 시스템이 필수로 포함되어야 하고, 이 2가지 필수적 요소의 가치를 높이는 충분성의 요소로 생물다양성이 고려된다. 그러므로 어떤 농어촌 지역에서 전통적 농어업활동이 이루어지고 있고 그 지역의 농어촌 경관이 우수하다면 기본적으로 국가중요농업유산의 자격이 있고, 여기에 더하여 그 지역에 생물다양성의 보존이 잘 이루어지는 생태 시스템이 존재한다면 그 가치가 높이 평가되어 국가중요농업유산으로 우선 지정될 수 있을 것이다.

[표 2] 국가중요농업유산 개념의 구성 요소

소프트웨어적 요소	하드웨어적 요소
전통 농어업 시스템, 생태 시스템, 지역공동체의 지식·기술 체계, 문화 체계	농어업 관련 구축물(논밭, 시설물, 어장), 농어촌 경관

문화재 관련 유산

농촌 지역에 있는 문화재 역시 농촌유산의 한 카테고리에 포함되며, 농촌 에코뮤지엄 내용을 구성하는 대상이 된다. 문화재는 여러 가지 유형으로 분류되지만 여기서는 특히 유네스코(UNESCO) 제도상의 유산과 FAO의 농업유산 개념이 어떤 점에서 구별되는지 설명하기로 한다.

유네스코 세계유산은 크게 세계자연유산, 세계문화유산, 세계복합유산으로 분류된다. 이 중 세계문화유산에 문화적 경관 개념이 1992년 추가되었으며, 그후 인류의 무형유산과 세계의 기록유산이 추가되었다.

유네스코는 1992년 개최된 세계유산협약 회의에서 문화적 경관 개념을 세계문화유산에 새롭게 도입했다. 여기서 문화적 경관의 개념이 기존 문화유산 개념에 자연의 개념 요소를 가미하는 방식으로 만들어짐으로써 FAO의 농업유산 개념에 더욱 근접하게 되었다.[11] 다음에서는 유네스코 세계유산이 지금까지 설명한 FAO의 농업유산과 어떤 점에서 다른지 설명하기로 한다.

자연유산

유네스코의 정의에 의하면 '자연유산(Natural Heritage)'이란, 무기적 또는 생물학적 생성물로부터 이룩된 자연의 기념물로서 관상상 또는 과학상 현저한 보편적 가치를 갖는 것, 지질학적 및 지문학적 생성물과 이와 함께 위협에 처해 있는 동물 및 생물 종의 생식지 및 자생지로서 특히 특정 구역에서 과학상·보존상·자연 미관상 현저한 보편적 가치를 갖는 것, 그리고 과학·보존·자연미의 시각에서 볼 때 뛰어난 보편적 가치를 갖는 정확히 드러난 자연 지역이나 자연 유적지를 말한다.

이 같은 유네스코의 정의에 의하면 자연유산이란 보편적 가치를 지니는 자연 지역이나 자연 유적지를 말한다. 자연유산이 보편적 가치를 지니는 것이어야 한다는 의미는 과학상·미관상 관점에서 볼 때 세계적으로 대표성이 있어야 한다는 것으로 이해할 수 있다.

또한 이 정의에서는 생물 종의 생식지 및 자생지가 세계적 수준에서 생물다양성이 풍부한 자연 지역인 경우 이를 자연유산으로 규정하고 있다. 따라서 화산섬으로 이루어진 지역, 기암괴석으로 이루어진 해안 절경 등이

*****

11) 한국농어촌유산학회, 「농어업유산의 이해」, pp. 34~41 참조

자연유산의 대상이 된다. 그러나 이 같은 자연유산이 곧 농업유산이 되는 것은 아니다. 앞서 보았듯이 농업유산이 되기 위해서는 이에 더하여 이곳에서 현재 전통적 농어업활동이 이루어지고 있어야 한다. 또한 이 같은 활동이 친환경적으로 이루어짐으로써 생물다양성 증진이 수반되어야 하고, 지역 주민의 생활과 문화에 긍정적 영향을 미쳐야 한다.

자연유산과 FAO에서 정의한 GIAHS를 비교해 보면 유사점과 차이점이 있다. 둘 다 심미적, 과학적, 그리고 생물다양성 관점에서 유산에 가치를 부여하고 있다는 점에서는 비슷하다. 그러나 자연유산은 자연적 생성물이 미적·과학적·생태적 관점에서 가치를 갖는 데 비해 FAO의 농업유산은 전통농업에 의해 인공적으로 형성된 농업생산지역이 이 같은 관점에서 가치를 갖는다는 점에서 차이가 있다. 더욱이 FAO는 유네스코의 자연유산보다 생물다양성의 보편적 가치를 더욱 중요시한다는 점에서 차별성이 있다.

문화유산

유네스코는 문화유산을 기념물, 건조물군, 유적지로 세분화하여 정의한다.[12] 이 가운데 유적지에는 인공의 소산 또는 인공과 자연의 결합의 소산 및 고고학적 유적을 포함한 구역에서 역사상, 관상상, 민족학상 또는 인류학상 현저한 보편적 가치를 갖고 있는 유산이 포함된다. 문화유산이 자연유산과 다른 점은 자연유산이 자연의 소산인 반면, 문화유산은 인공의 소산이거나 인공과 자연의 결합의 소산이라는 점이다.[13] 다시 말하면 '문화

*****

12) 기념물에는 건축물, 기념적 의의를 갖는 조각 및 회화, 고고학적 성격을 띠는 유물 및 구조물, 금석문, 혈거 유적지 및 혼합 유적지 중 역사, 예술 및 학문적으로 현저하게 세계적 가치를 갖는 유산이 포함된다. 건조물군에는 독립된 또는 연속된 구조물들, 그것의 건축성, 균질성, 입지성으로부터 역사적, 미술적으로 현저한 보편적 가치를 갖는 유산이 포함된다.

13) 한국농어촌유산학회, 「농어업유산의 이해」, p. 36

유산'이란, 사람이 만든 것 또는 사람과 자연의 결합에 의하여 만들어진 결과물로서 세계적 수준에서 가치 있는 것을 말한다. 이런 점은 FAO의 농업유산과 유사하다. 즉 문화유산에는 농어업활동과 관련된 구조물, 유적지 등이 포함될 수 있다.

그러나 문화유산이 곧 FAO의 농업유산이 되는 것은 아니다. 그 이유는 문화유산에서 말하는 대상은 인공적 결과물 또는 인공과 자연의 결합의 소산으로서의 유적지에 불과하기 때문이다. '유적지'란, 생활의 흔적으로서 건축물, 무덤 등이 남아 있는 역사적 장소를 말하는데, 이것만으로는 농업유산의 자격으로 불충분하다. 문화유산이 FAO의 농업유산이 되기 위해서는 현재도 농어업 활동이 이루어지고 있어야 하고, 이에 따라 생태계가 잘 보전되어 있어야 한다. 문화유산에서는 이 같은 가치에 대해 깊이 고려하지 않는다는 점에서 두 개념 간에 큰 차이가 있다.

복합유산 및 문화적 경관

유네스코는 자연유산과 문화유산의 요소를 동시에 가지고 있는 유산을 대상으로 복합유산 제도를 운영한다. 이때의 '복합유산'이란, 자연적 가치와 문화적 가치를 함께 가지고 있는 유산을 말하고,[14] 이러한 점에서 생물다양성 개념이 이 안에 포함될 수 있다. 그러므로 복합유산은 문화유산이나 자연유산보다 FAO의 농어업유산 개념에 좀 더 근접한 개념이라고 할 수 있다.

*****

14) 복합유산은 하나의 공간 안에 문화유산과 자연유산의 등재 조건을 적어도 한 가지씩은 가지고 있는 유산을 말한다. 세계유산의 등재 조건에는 총 10개 항목이 있다. 이 가운데 1~6번은 문화유산의 조건, 7~10번은 자연유산의 조건이다. 10가지 가운데 한 가지만 충족하면 문화유산이나 자연유산 같은 세계유산이 될 수 있다. 복합유산은 1~6번 중 한 가지 이상, 7~10번 중 한 가지 이상을 충족하면 된다.(앞의 책, p. 40)

그러나 이 개념 속에도 현재 농어업 활동이 이루어지고 있으며, 이로 인해 생물다양성이 보전되고 있어야 한다는 개념 요소는 명시적으로 포함되어 있지 않다. 이런 점에서 이 개념 역시 FAO의 농업유산 개념을 포함할 수 없다.

한편 유네스코는 1994년 문화유산 개념에 FAO의 농업유산 개념과 달리 생물다양성이라는 관점과 현재진행형으로서 살아 있는 유산이라는 관점이 결여되어 있다는 것에 대한 반성으로 문화유산 범주에 문화적 경관(Cultural Landscape) 개념을 새로 만들어 넣었다. 그러므로 문화적 경관 개념이 복합유산 개념보다도 FAO의 농업유산 개념에 더욱 근사한 것이다.

이 같은 연유에서 만들어진 문화적 경관은 인간의 행위와 자연과의 결합의 소산을 대상으로 하며, 다음 세 영역으로 구분된다. 첫째는 정원 및 공원처럼 인간의 설계 의도에 의해 창조된 경관으로, 이를 '의장된 경관(Designed Landscape)'이라고 한다. 둘째는 현재까지 남아 있으면서 유적 등의 기념물과 일체가 되어 유기적으로 진화하는 경관(Organically Evolved Landscape)이며, 셋째는 결합된 경관(Associative Landscape)으로, 여기에는 신앙 및 종교와 문학 등 예술활동과 결합된 경관이 포함된다.[15)]

이상에서 특히 둘째 영역인 '유기적으로 진화하는 경관'의 영역에 FAO의 농업유산이 포함될 개연성이 있다. 이 영역에 생물다양성과 문화적 요소를 포함하는 면적 요소로서의 경관이 포함된다는 점에서 그렇다. 그러나 문화적 경관 개념 역시 FAO의 농어업유산 개념을 모두 포괄하기에는 부족함이 있다. 문화적 경관이 문화적 요소를 가지고 있는 경관을 강조한다는 점에서는 유사하지만 농업유산에서 강조하는 농업 시스템으로서의 소프트웨어적 요소를 충분히 고려하지 못하기 때문이다. 즉, FAO의 농업유산은 경

*****

15) 오민근(2005),「문화적 경관 개념의 도입과 보호 체계」, 국토논단, pp. 98~99

관과 농업 시스템이라는 2가지 요소를 동시에 포함하며, 특히 농업생산과 관련된 토지이용 시스템, 생태 시스템과 그에 관련된 지식, 기술, 문화 체계 등을 중시하지만 문화적 경관은 이를 충분히 고려하고 있지 않다.

제2장 에코뮤지엄

에코뮤지엄의 탄생과 발전

에코뮤지엄의 시대적 배경

'에코뮤지엄'이란 용어는 20세기 중반에 등장했지만 그 실체는 그보다 앞선 19세기 말경부터 나타나기 시작하였다. 에코뮤지엄이 왜 등장하게 되었는지 알기 위해서는 그 시대적 배경을 살펴볼 필요가 있다.[1)]

에코뮤지엄은 전통적 박물관과 비교하여 특히 전시 영역이나 전시물에서 확연한 차이가 있다. 전통적 박물관은 통상적으로 고고학 자료와 미술품, 역사적 유물, 그 밖의 학술적 자료를 수집·보존·진열하고 일반인에게 전시하는 시설을 말한다. 이 같은 통상적 박물관은 건물을 갖추고 실내에 전시물을 보관하며 전시하는 시스템으로 운영된다. 즉, 전통적 박물관의 경우 전시물인 미술품, 유물, 학술 자료 등이 대부분 유형적이며 고정적

*****

1) 농림축산식품부 농촌개발시험연구로 한국농어촌공사 농어촌연구원(2014)에서 수행한 「에코뮤지엄 시범 조성 모델 개발 연구」의 내용을 일부 수정·보완하여 작성하였다.

인 점적 대상물이다. 전통적 박물관의 기능은 주로 역사적 유물·자료 등을 찾아 그것에 가치를 부여하고 보전하며, 지역 주민과 일반인에게 전시하는 것이다.

19세기 말경에 이르러 유럽에서 전통적 박물관의 운영 시스템과 기능에 변화의 조짐이 나타나기 시작하였다. 이 같은 변화를 초래한 시대적 배경으로 유럽의 산업화를 들 수 있다. 이 시기에 유럽 국가들은 어느 정도 산업혁명을 완수했으며, 이에 따라 농업사회에서 산업사회로의 전환이 빠르게 이루어지고 있었다.

다시 말해서 당시 유럽은 산업혁명을 성공적으로 완수함으로써 공업부문 확대와 도시화, 그리고 그에 따른 농민들의 이농 등이 발생하였고, 이로 인해 유럽의 전통적인 농촌공동체가 해체되는 위기에 직면하였다. 농지의 대단위화 및 기계화가 이루어졌으며, 이에 따라 전통적인 소농 중심의 농촌사회가 해체되었고, 그 과정에서 전통적인 마을의 모습이 상당 부분 훼손되는 현상이 나타났다.

이 같은 시대적 상황에 직면하여 사라져 가는 농촌의 모습을 애석하게 여기는 의식 있는 사람들이 나타났고, 그중 대표적인 인물이 스웨덴의 하셀리우스(Artur Hazelius, 1833~1901)였다. 유럽 각지를 여행하면서 황폐화돼 가는 농촌의 모습을 목격한 교사 출신의 하셀리우스는 농촌 보전을 위해 마을 전체를 옛날 모습 그대로 복원, 전시하려는 구상을 하게 되었다. 농촌 마을 보전을 위한 그의 구상은 그 후 유럽 각지에서 실현되었고, 박물관학에서는 이 같은 개념을 학문적으로 수용하여 더욱 발전시켰다. 오늘날 우리가 '에코뮤지엄'이라고 부르는 새로운 형태의 박물관은 이러한 과정을 통해 발전한 것이다.

하셀리우스의 구상은 실제로 1891년 스웨덴 스톡홀름 지방에서 구현되었는데, 이것이 오늘날 에코뮤지엄의 시원이 된 스칸센 박물관이다. 스칸센 박물관에는 스웨덴 전통 마을이 재건되었으며, 전통적 목축 방법과 자생 동식물을 기르는 방법 등이 소개되었다.[2)]

스칸센 박물관이 이전의 박물관과 다른 점은 야외 박물관(Open Air Museum) 개념을 도입했다는 것이다. 야외 박물관 개념은 기존 박물관 개념에는 들어 있지 않았던 면적 요소다. 야외, 즉 장소를 박물관 개념에 포함시켰다는 점에서 이전의 박물관과 확연히 구별된다. 이 같은 발상은 기존 박물관 관점에서 보면 획기적인 인식 전환이라고 할 만하다.

당시 '야외(Open Air)'라는 요소를 박물관 개념에 포함시켰다는 것이 어떤 의미를 갖는가? 첫째는 전시 공간이 실내에서 실외로 확대되었다는 의미로 해석할 수 있다. 이를 확대 해석하면 지역 또는 마을 전체가 전시 공간으로서 지붕 없는 박물관이 될 수 있다는 것을 의미한다. 둘째는 전시물의 대상이 확대되었다는 의미로 해석할 수 있다. 야외 박물관에서는 전통적 박물관의 전시 대상인 점적 요소로서의 유물이나 자료뿐만 아니라 농어업유산 지역 같은 면적, 즉 공간적 요소가 전시 대상이 될 수 있음을 의미한다. 스칸센 박물관에서 나타난 야외 박물관 구상은 그 후 정립된 에코뮤지엄 개념 속에 그대로 반영되었다.

이상과 같이 기존 박물관 개념에 야외 개념이 도입된 이래 박물관의 전시 대상과 기능에 많은 변화가 초래되었다. 무엇보다 기존 박물관이 주로 유형의 것을 전시했다면 에코뮤지엄의 경우는 이에서 벗어나 농촌생활과 관련된 전통문화, 지식, 기술 등의 무형적 요소를 전시 대상에 포함시킨 것이다. 그리고 이를 위해 박물관 활동에 농촌 지역 주민이 주체적으로 참여하게 되었다.

*****

2) 야외 박물관에서 시작된 생활사 복원운동 전시 기법에서 에코뮤지엄 개념이 처음으로 형성되기 시작했다고 볼 수 있다.

요컨대, 에코뮤지엄이 전통적 박물관과 가장 다른 개념상의 특징은 전시 공간을 야외로 확대했다는 점과 전시 대상의 외연을 유형적 요소에서 무형적 요소로, 점적 요소에서 면적 요소로 확대했다는 점이다. 이같이 새로운 형태의 박물관이 등장하게 된 이면에는 자본주의가 성숙됨에 따라 나타난 농촌공동체 해체라는 시대적 변화가 있었다.

이 같은 변화의 물결 속에서 농업과 농촌의 귀중한 가치들이 사라져 가는 것을 애석하게 여기는 의식 있는 이들이 상당수 있었고, 이들에 의해 농촌 지역의 가치를 보존하려는 운동이 전개되었다. 그러다 20세기 후반에 이르러 박물관학에서 이러한 운동의 참의미를 수용하여 구체화하였고, 이러한 과정이 에코뮤지엄이라는 개념을 탄생시킨 배경이라고 할 수 있다.

오늘날 박물관학에서 에코뮤지엄을 다루고 있지만 앞서 보았듯이 에코뮤지엄 개념이 형성된 시대적 배경을 보면 박물관학이라는 학문적 성격보다는 농촌 자원 보전과 관련된 학문에 더 가까운 측면이 있다. 그러므로 에코뮤지엄 개념을 박물관학이라는 관점에 매몰되어 이해할 필요는 없으며, 그보다는 농촌을 대상으로 하는 여러 학문 분야에서 그들의 관점에 맞게 에코뮤지엄 개념을 재구성하여 새로운 방식으로 접근하는 것이 바람직해 보인다.

에코뮤지엄 발전 과정

19세기 말에서 20세기 중반에 걸쳐 스칸센 박물관과 유사한 성격의 박물관이 유럽 각국에서 설립되었다. 이것들 대부분이 구조적으로는 야외 박물관 형태를 취한다는 점에서, 또 지역성(정체성)을 강조한다는 측면에서 전통적 박물관과 큰 차이를 보였다. 당시 이 같은 박물관들은 통일된 형태가 아니라 국가와 지역에 따라 다양한 형태로 나타났다.

에코뮤지엄 활동은 특히 프랑스에서 활발히 전개되었다. 그러다 1971년에 이르러 조르주 앙리 리비에르(George Henri Rivière)가 이 같은 활동을 에코뮤지엄이라는 용어로 통일하여 사용하자는 의견을 제안하였고, 그 후 국제박물관회의에서 이 용어가 공식 인정되었다. 이 같은 과정에서 알 수 있듯이 에코뮤지엄 개념이 먼저 정립되고 이에 의해 실제적 현상(presence)으로서의 에코뮤지엄이 설계된 것이 아니라, 야외 박물관이라는 실제적 현상이 먼저 다양한 형태로 각국에 존재하였고 이에 바탕을 두고 개념이 사후적으로 형성된 것이라고 할 수 있다.[3] 그러나 일단 에코뮤지엄 개념이 만들어진 후에는 이 개념에 의해 실제적 현상이 급속하게 확산되었다. 즉, 리비에르에 의해 에코뮤지엄의 개념적 정의가 박물관학에 소개된 이후 에코뮤지엄 활동이 세계적으로 확산돼 나간 것이다.

이 같은 에코뮤지엄의 발전에는 유럽의 시대적 상황도 한몫하였다. 20세기 후반은 세계적으로 유산에 대한 사람들의 관심이 고조되던 시기로, 특히 유럽은 유럽연합(EU) 출범으로 각 지역 간 문화적 교류가 촉진되었고, 이에 따라 각국은 자국의 문화유산을 통해 국민의 자긍심을 높이고 지역 정체성을 확보하려는 의식을 갖게 되었다. 에코뮤지엄 개념은 이 같은 시대적 요구에 매우 적합한 것이었다.

유럽의 에코뮤지엄 설립은 이 같은 시대적 요구에 부응하여 다양한 형태로 전개되었다. 앞서 말한 바와 같이 초기의 에코뮤지엄 모습에는 장소

*****

3) 제2차 세계대전 후, 리비에르는 프랑스의 건축유산을 보존해야 할 필요성을 절감하였다. 그는 스칸센 야외 박물관에서 시작된 생활사 복원운동(living history movement)에 영향받았는데, 이는 프랑스 민중예술박물관 설립 시 생활가옥 공간 전체를 전시하는 수법의 도입으로 이어졌고, 그 후 1966년 지방자연공원법 도입에 관여하면서 이에 의해 농촌 건축의 현지 보존 방법을 모색하고자 하였다. 이러한 시도에 따라 프랑스에 에코뮤지엄이 도입되었으며, 그 과정에서 에코뮤지엄 개념을 정립하기에 이른 것으로 생각된다.

성(야외)이라는 개념이 도입되었다. 이에 더해 20세기 에코뮤지엄 모습에는 특히 지역성(정체성)이 강조되었는데, 에코뮤지엄 활동이 주민의 정체성 확립을 위한 교육의 장으로, 주민 참여의 장으로, 그리고 지역 활성화 수단으로 활용됨으로써 지역사회의 문화적 구심점이 된 것이다. 이로써 에코뮤지엄 개념이 더욱 확장되어 나가게 되었다.

유럽에서 시작된 에코뮤지엄 개념은 그 후 다른 대륙으로 전파되었고, 1980년대 들어 세계 각국으로 확산되었다. 아시아에서 가장 먼저 에코뮤지엄 개념을 받아들인 일본은 지역 유산을 이용하여 지역 활성화를 시도했고, 중국은 소수민족을 보호하기 위한 전략으로 에코뮤지엄 개념을 활용하고자 했다. 이보다 조금 늦은 2000년대에 이 개념이 소개된 한국에서는 주로 도시와 농촌의 마을 만들기에 에코뮤지엄 개념을 적용하려는 시도가 나타났다.

에코뮤지엄 개념

에코뮤지엄의 어원

'에코뮤지엄(Ecomuseum)'이란 용어는 앞서 말한 바와 같이 1971년 프랑스에서 조르주 앙리 리비에르와 위그 드 바린(Hugues de Varine) 등이 처음 제안하였고, 그해 9월 프랑스 디종(Dijon)에서 열린 세계박물관학술대회에서 공식 인정되었다.

그 후 이 용어가 각국으로 전파되었고, 그 과정에서 나라별로 각기 다른 문화적 여건이 반영됨으로써 이 개념은 국가마다 약간씩 다른 의미를 갖게 되었다. 즉, 나라마다 '에코뮤지엄'이라는 용어 대신 다른 표현을 사용하는 경향이 나타났다. 예컨대 프랑스에서는 에코뮤지엄을 Fragmented Museum, 일본에서는 Live Museum · 전원(공간)박물관, 멕시코에서는 Regional Museum, 중국에서는 생태박물관이라고 불렀고, 한국에서는 지역 통째로 박물관 · 생활환경박물관 · 살아 있는 박물관[4] · 지붕 없는 박물

*****

4) 최효승(2006), 「주민 참여에 의한 농촌 마을 계획 과정과 지역 통째로 박물관 개념의 적용 실험」, 건축학회지

관·야외 박물관 등으로 다양하게 부르게 되었다.

Ecomuseum은 'Ecology'와 'Museum'의 합성어로 보는 것이 가장 설득력 있다. 이렇게 볼 때, 에코뮤지엄을 글자 그대로 번역하면 '생태박물관'이라 부를 수 있지만 실제로는 그 이상의 의미로 해석될 여지가 상당하다. 왜 그런지는 다음 논의를 전개하는 과정에 그 대답이 있다.

글자 그대로의 의미를 강조하면 'Ecology'는 '생태' 또는 '생태환경'을 의미한다. 그러므로 에코뮤지엄이란 전통적인 박물관 기능에 자연생태, 자연환경의 보전을 중요한 요소로 포함시킨 것으로 볼 수 있다. 생태환경(Ecology)은 살아 있고(Live), 변화하는(Evolution) 속성이 중요한 요소다. 따라서 에코뮤지엄은 유물처럼 고정되어 있는 것을 보존하는 전통적 박물관의 기능 외에 생태환경이라는 살아서 변화하는 속성을 보전하는 기능을 포함시켜야 함을 강하게 암시한다. 이때 생태환경을 인간과 별개의 단순한 자연환경이나 생물다양성만 의미하는 것으로 보기보다는 인간을 그 중심에 포함한 생태자연을 의미하는 것으로 해석해야 한다.[5] 그러나 앞서 개념 형성의 시대적 배경에서 보았듯이 에코뮤지엄은 생태환경 외에 다양한 개념 요소를 포함한다. 따라서 에코뮤지엄을 해석할 때 그 개념 속에 생태적 요소를 중요한 것으로 고려하되, 이에 지나치게 구속될 필요는 없다.

에코뮤지엄 개념은 이것 외에도 농촌 주민의 생활문화 같은 다양한 개념 요소를 포함하는 것으로 정의하는 것이 타당하다. 에코뮤지엄 개념이 탄생하여 발달해 온 과정에 이 같은 개념들이 포함되었기 때문이다. 즉, 에코뮤지엄 개념은 이 용어 자체가 의미하는 것보다 더 넓은 의미로 정립되는 것이 바람직하다.

*****

5) Eco의 그리스 어원인 'Oikos'는 '집'을 의미하므로 에코뮤지엄을 '집박물관'이라고 해석할 수 있다(최효성, 2006). 그러나 이같이 직역하는 경우, 집이라는 용어에 오늘날 에코뮤지엄이 가지는 의미를 모두 담을 수 없다는 점에서 사용을 일반화하는 데는 한계가 있어 보인다.

에코뮤지엄 정의

에코뮤지엄의 탄생 배경에서 보았듯이 이 개념은 원래 유럽에서 농촌 마을을 보전하려던 사람들에 의해 구상되었다. 그러므로 지역 주민의 참여가 매우 중요한 요소로 포함되는데, 이런 점은 기존 박물관에서는 찾아보기 어려운 것이다. 그러므로 어떤 지역 주민들이 마을의 전통적 모습과 경관을 지키려는 의지를 가지고 있고, 이 지역에 박물관이 가지고 있는 기능과 활동이 추가될 경우, 그 지역은 에코뮤지엄 대상이 될 수 있을 것이다.

에코뮤지엄이란 용어를 처음 사용한 리비에르는 에코뮤지엄을 "지역사회 사람들의 생활과 그 지역의 자연·사회환경의 발달 과정과 역사를 탐구하고, 자연유산 및 문화유산을 현지에서 보존·육성·전시함으로써 해당 지역사회 발전에 기여하는 것을 목적으로 하는 박물관"이라고 기술한 바 있다.[6] 이 같은 리비에르의 에코뮤지엄에 대한 최초의 정의는 1971년 디종에서 열린 세계 학예사 학술대회에서 공식 사용되었다. 이듬해인 1972년 산티아고 국제회의(Santiago Round Table)에서는 에코뮤지엄 개념 속에 장소와 정체성을 중요한 개념 요소로 포함시킬 것을 천명하였다. 그러므로 에코뮤지엄에 대한 일반적 정의는 산티아고 회의에서 정립되었다고 볼 수 있다.

이상과 같이 정의된 에코뮤지엄이 기존 박물관과 다른 점은 무엇인가? 두 개념 간의 차이점에 대해서는 보일런(P. Boylan) 등이 잘 설명한 바 있다.

첫째, 전시 영역에 차이가 있다. 즉, 전시 영역을 실내에서 지역 전체로 확장했다는 점이다. 일반적으로 기존 박물관이 한 건물에 수집품을 전시해 놓고 관람객을 끌어들이는 운영 시스템을 가지고 있는 반면, 에코뮤지

*****

6) 박헌춘(2011),「에코뮤지엄 개념을 적용한 농촌 마을 만들기」, 충북대 박사학위논문

엄은 지역 혹은 일정 영역을 하나의 박물관으로 보고 공간 전체를 전시 영역으로 활용한다.

둘째, 전시물을 다양화했다는 점이다. 기존 박물관은 수집된 유물, 자료 등이 주된 전시물인 반면, 에코뮤지엄에서는 지역 내 모든 유산이 전시 대상일 수 있다. 또 전통적 박물관에서는 수집된 전시물이 희귀하고 가치가 높은 것인 데 반해, 에코뮤지엄에서는 주민생활과 관련된 하찮은 것도 전시 대상이 될 수 있다. 또한 기존 박물관에서는 주로 유형유산이 전시 대상인 데 비해, 에코뮤지엄에서는 유형유산뿐 아니라 무형유산도 전시 대상이라는 점에서 대조를 이룬다.

셋째, 유산의 현지 보존이다. 전통적 박물관에서는 문화유산 및 역사유산을 박물관 안으로 이전하거나 이전·복원하여 전시하는 것이 일반적이다. 이와 달리 에코뮤지엄은 문화·역사유산을 현지에서 보존하면서 전시한다는 점에서 분명한 차이를 보인다. 유산을 이전하거나 이전·복원할 경우 유산이 훼손될 가능성이 높지만 현지에서 보존할 경우는 유산이 자연환경 및 사회환경과 일체가 되므로 유산의 가치를 그대로 유지할 수 있다는 장점이 있다. 이런 특징은 전통적 박물관 관점에서 보면 획기적인 인식의 전환이다.

넷째, 체험이 가능하다는 점이다. 전통적 박물관에서는 관람객이 실내에 전시된 전시물을 단순히 보는 데 그쳤으나 에코뮤지엄에서는 관람객이 현지에 보존된 유산에 직접 다가가서 관람할 수 있다. 예컨대, 에코뮤지엄의 주요 대상이 되는 농업유산 지역의 경우 전통 농업기술을 체험하는 프로그램을 운영할 수 있다.

다섯째, 에코뮤지엄 운영에 있어 주민이 주체가 된다는 점이다. 기존 박물관은 소수의 전문가에 의해 운영되는 것이 일반적이고, 따라서 지역 주민은 관람객에 불과하였다. 이와 달리 에코뮤지엄에서는 지역 주민 전체가 박물관 운영의 주체가 된다. 이 점은 전시물의 현장 보존과 더불어 에코뮤지엄의 특징을 구성하는 가장 현저한 차이점이다. 이 때문에 에코뮤지엄은 지역 발전과 밀접하게 연계된다. 다시 말해서 기존 박물관은 지역에서 하나의 점적 구성 요소에 불과한 반면, 에코뮤지엄은 지역 전체를 대상으로 하기 때문에 주민 전체가 운영 주체가 되므로 당연히 지역 주민의 생활과 밀접히 관련된다. 그러므로 에코뮤지엄은 지역 발전과 깊은 연관 관계 속에서 이해돼야 하고, 이런 점에서 에코뮤지엄을 오늘날 농촌 마을 만들기 운동과 관련지어 생각할 수 있다.

이상과 같이 에코뮤지엄은 유산을 현장에서 보존한다는 점과 이 때문에 주변 자연환경과 일체가 된 유산을 전시 및 관람, 체험할 수 있다는 점에서 전통적 박물관과 현저히 구별된다. 또한 에코뮤지엄에서는 한 지역의 주민이 운영 주체가 된다는 점에 큰 차별성이 있다. 즉, 유산을 지역 주민의 삶 가운데로 끌어들여 지역 활성화에 도움이 될 수 있도록 적극 활용한다는 점에서 중요한 의미를 찾을 수 있다.

[표 1] 보일런의 전통적 박물관과 에코뮤지엄 비교

구 분	전통적 박물관	에코뮤지엄
전시 영역	건물	장소
전시물 범위	수집된 유물	전체 영역 내의 모든 유산
학문 영역	박물관학	복합적인 학문
방문객	관광객	공동사회
운영 주체	박물관과 전문가	에코뮤지엄과 지역사회
전시 방법	단순 전시	체험

에코뮤지엄의 진화적 정의

앞서 말한 바와 같이 에코뮤지엄이란 용어는 1971년 프랑스 리비에르가 처음 제안한 후 일반적 의미로 사용되다 1980년에 보다 구체적으로 정의되었다. 즉, 리비에르는 1980년 1월 세계박물관협의회(ICOM) 총회에서 에코뮤지엄이 지향해야 할 개념적 요소를 추가하여 '에코뮤지엄의 진화적 정의'를 발표하였다. 다음은 리비에르가 발표한 에코뮤지엄의 발전적 정의 및 사회적 역할을 요약한 것이다.

- 에코뮤지엄은 지방정부와 그 지역 주민이 함께 꿈꾸고 가꾸는 박물관이다. 지방정부는 전문가·시설·자원을 제공하고, 주민은 열망과 지식을 갖고 개인적 상황에 따라 박물관의 내용과 운영에 참여한다.
- 에코뮤지엄은 주민이 스스로를 비추어 보는 거울이다. 이 거울은 방문객들에게 지역 주민의 문화와 관습, 산업 등을 소개해 주고, 주민 스스로에게는 자긍심을 갖게 한다.
- 에코뮤지엄은 인간과 자연의 표현이다. 인간을 자연 그대로의 환경 속에서 파악하고 전통사회 또는 산업사회를 통해 적응해 온 모습을 드러내 주기도 한다.
- 에코뮤지엄은 과거부터 오늘에 이르기까지의 시간의 표현으로 미래에 대한 비전을 제시한다.
- 에코뮤지엄은 특정 공간에 대한 총체적 해석이다.
- 에코뮤지엄은 그 지역의 주민 및 환경의 과거와 현재에 대해 연구하고, 외부 기관과의 협력을 통해 전문인 양성을 장려하는 실험실이다.
- 에코뮤지엄은 그 지역의 자연과 문화유산을 보호·발전시키는 보존 기관이다.
- 에코뮤지엄은 그 지역 주민들이 그들의 보다 밝은 미래를 확보하기 위해 보호·장려해야 하는 학교다.

• 에코뮤지엄은 실험실로서, 보존 기관으로서, 학교로서 다음의 원칙을 갖는다. 즉, 마을의 다양한 문화에 대해 그 연원을 막론하고 각각의 존엄성과 예술적 가치를 존중하고 인정해야 한다. 무엇보다 에코뮤지엄은 하나의 역할로 만족하는 닫힌 기관이 아니라 끊임없이 상호 작용하는 열린 기관이다.[7)]

리비에르가 에코뮤지엄을 새롭게 정의한 이유는 무엇일까? 그리고 이것을 특별히 '진화적' 정의라고 강조한 이유는 무엇일까? 리비에르 자신이 이에 대해 특별히 언급한 바를 문헌상에서 찾아보기는 어렵다. 그러나 다음과 같은 추측이 가능하다.

리비에르가 당시 전개되던 에코뮤지엄 활동이 그가 당초 의도한 방향과 다르게 전개되거나 미진한 부분이 있다고 생각했을 가능성을 유추해볼 수 있다. 그래서 그는 향후 에코뮤지엄이 지향해야 할 방향을 다시 제시할 의도가 있지 않았을까. 그가 기존의 에코뮤지엄 정의에다 새로운 해설을 덧붙이고 '진화적'이라는 접두어를 사용했다는 점에서 이러한 추측이 가능하다.

이러한 추측이 타당하다면 에코뮤지엄의 진화적 정의는 에코뮤지엄이 향후 갖추어 나가야 할 개념 요소나 더욱 강화해야 할 개념 요소를 추가한 것으로 볼 수 있다. 따라서 에코뮤지엄의 진화적 정의를 에코뮤지엄의 발전적 정의로 이해할 수 있다. 리비에르의 이 같은 의도가 담긴 '진화적' 정의의 특징을 요약하면 다음과 같다.

첫째, 주민의 주체적 참여를 재차 강조하였다. 전통적 박물관의 운영은 주로 정부와 전문가가 주체였던 것과 달리 에코뮤지엄에서는 주민이 박물

*****

7) 송주희(2010), 「지역 활성화를 위한 에코뮤지엄」, 『향토사 연구』 21집 ; UNESCO(1985), The ecomuseum-an evolutive definition, Museum

관의 내용과 운영에 적극적으로 참여할 것을 요구하였다. 그리하여 에코뮤지엄이 주민, 정부, 전문가의 공동 협력으로 운영되어야 함을 강조하였다. 주민의 참여를 이끌어 내고 주민이 주체가 된다는 것은 구체적으로 무슨 의미인가? 이는 주민이 박물관의 내용과 운용에 직접 참여한다는 것이다. 다음과 같은 예를 생각할 수 있다. 오래된 전통 가옥에서 옛날 생활 방식과 도구를 사용하며 살아가는 주민을 생각해보자. 그가 만약 1년에 몇 번이든 그의 집과 생활 방식을 외부에 공개하는 데 동의한다고 하자. 이 경우 그의 집이 작은 위성박물관이 되는 것이며, 그는 그곳의 관장이 되어 에코뮤지엄의 내용과 활동에 적극적으로 참여하는 것이다. 다른 예로 농업유산 지역과 같이 전통 방식으로 농어업에 종사하는 주민의 경우를 보자. 그가 전통 방식으로 농사를 짓는 일, 그리고 그 일과 관련되는 역사적 사료를 잘 수집·정리하여 전시하는 일에 동의하는 경우, 그의 농장은 하나의 위성박물관이 된다. 그러면 그는 그곳의 관장이 되어 에코뮤지엄의 내용과 활동에 실질적으로 참여하는 것이다. 이때 정부와 전문가는 유산과 관련된 자료의 수집, 관리, 전시와 관련된 활동에 대해 주민과 협력하면서 필요에 따라 인적·물적 지원을 할 수 있다.

둘째, 에코뮤지엄을 통해 지역민의 정체성을 확립할 수 있다는 점이 강조되었다. 에코뮤지엄은 지역 주민 자신의 역사와 일상적 삶 등을 표현하는 도구이며, 이를 외부에 알리는 과정을 통해 주민 자신이 누구인지를 알아가게 된다. 이는 다름 아닌 주민 자신의 정체성을 확립하는 과정으로, 진화적 정의에서는 주민의 정체성 확립이라는 점이 더욱 강조되었다. 주민이 지역에서 하는 일의 가치를 분명히 인식할 때, 지역 주민의 정체성 확립이 가능하다. 그러기 위해서는 주민이 하는 일이 일상적이고 하찮은 일이라도 일일이 그 역사와 방법을 알아보고 기록하여 자료를 만들어 나가는 참여의 과정이 필요하다. 그러는 가운데 주민들은 자신이 하는 일의 중요성을 인식하게 되고, 따라서 자긍심을 갖게 된다. 즉, 지역민의 자긍심은 그가 하는 일이 단순히 자신의 생활을 영위하기 위해 경제적 가치(소득)를 창출한다는 사실 이외에 그가 속한 공동체나 미래 세대를 위해 무엇인가 가치 있는 일을 한다는 것을 인식할 때 형성될 수 있다. 에코뮤지엄 활동은 이같이 지역민이 일상에서 하는 일의 가치를 찾아내고 이를 전시하는 데 초점이 맞추어지고, 그 과정에서 주민의 정체성이 확립될 것으로 본다.

셋째, 에코뮤지엄은 자연환경과 사회환경 속에서 인간의 역사와 문화를 총체적으로 반영하여 나타내야 한다는 점이 강조되었다. 이를 위해 에코뮤지엄은 정태적인 전통적 박물관과 달리 동태적 특징을 갖는 것이 필요해졌다. 이런 점에서 리비에르는 에코뮤지엄 개념을 '진보적'으로 재해석할 필요성을 느끼지 않았나 생각된다. 에코뮤지엄의 대상이 되는 지역 유산에는 조상들이 자연과 조화를 이루며 살아오면서 구축한 지혜, 기술 등이 함축되어 있다. 리비에르는 이러한 요소들의 가치에 대해 재해석하려는 입장을 취하고 동시에 이것이 미래 세대의 생존을 위해 중요한 자산이라는 점을 인식하고 이를 강조하였다. 다시 말해서 에코뮤지엄에서는 지역의 자연환경, 그리고 시대성이 반영된 사회환경 속에서 인간과 자연에 의해 이루어진 다양한 유산에 대해 총체적 관점에서 새로운 가치를 부여하여 재해석하는 것이 필요하다는 것이다. 예컨대, 에코뮤지엄 활동에서는 지역을 둘러싼 자연환경과 인간의 농업활동에 의해 형성된 생물다양성의 가치에 더욱 큰 가치를 부여한다. 그뿐만 아니라 생물다양성을 지키기 위한 주민 조직 같은 사회적 노력에도 가치를 부여하여 전시 자료로서 활용하려는 입장을 취해야 한다는 것이다.

넷째, 에코뮤지엄에서는 연구 및 교육적 가치, 특히 실험적 가치를 중시해야 한다는 점이다. 에코뮤지엄은 주민이 함께 모여 토의하고 미래를 설계하는 교육의 장이 되어야 한다는 것이다. 특히 에코뮤지엄은 주민의 과거와 현재를 연구하는 교실로서, 완성된 것이 아니라 만들어 가는 실험실이라는 입장을 강조하였다.

이상과 같은 진보적 의미의 에코뮤지엄은 고정된 것이 아니라 계속하여 진화하며 발전해 가는 유기체 같은 것이다. 에코뮤지엄을 진화·발전하는 것으로 이해한 사람으로, 특히 메이랜드(P. Mayrand)를 들 수 있다. 그는 에코뮤지엄을 동적인 운동을 반복하면서 발전하는 것으로 보고, 에코뮤지엄이 지식을 얻고 생각하는 것에서 한 발 더 나아가 거기서 행동함으로써 스스로 지역을 만들어 가는 역할이 있음을 강조하였다.[8)]

리비에르의 진화적 정의에서 알 수 있는 것은 에코뮤지엄이란 정형화된 형태를 갖는 것이 아니라는 점이다. 리비에르는 에코뮤지엄을 보호되고 보증받는 것이 아니라 달성하는 것으로 이해한다. 다시 말해서 그는 주민들이 지역 실정에 맞게 자유로운 발상을 하며, 이것을 실천해 가는 과정에서 에코뮤지엄 형태가 만들어져 가는 것으로 보았다.

*****

8) 박헌춘(2011), 앞의 글, p. 12

한국의 농촌 에코뮤지엄

기본 성격

에코뮤지엄 개념이 우리나라에 소개된 이래 도시 지역과 농촌 지역에서 다양한 형태로 적용되었다. 우리나라의 경우는 에코뮤지엄이 특히 마을 만들기 운동과 결합되어 적용되는 경향이 짙었다. 이러한 에코뮤지엄 활동은 대부분 개별적·단편적으로 이루어졌고, 그 결과 각각의 지역에서 다른 의도와 특성을 가진 다양한 형태로 나타났다. 따라서 한국의 에코뮤지엄 활동이 어떤 특성을 갖는지 단정해서 말하기는 어려운 실정이다.

이러한 현실적 인식에 기초하여 여기서는 우리나라 농촌에 에코뮤지엄 개념을 적용함으로써 농촌 발전이 지향해야 할 하나의 모형을 제시하고자 한다. 즉, 향후 우리나라 농촌을 어떻게 하면 살기 좋은 곳으로 변화시킬 것인가 하는 의도에서 에코뮤지엄 개념을 적용한다는 것이다. 그리고 이 같은 의도로 만들어지는 에코뮤지엄을 '한국의 농촌 에코뮤지엄'이라고 부르기로 한다.

한국의 농촌 에코뮤지엄 개념은 기본적으로 리비에르가 1980년대에 정의한 진화적 개념에 기초하기로 한다. 그리고 그 후 농촌의 중요 유산을 보호할 목적으로 도입된 FAO의 세계중요농업 시스템, 유럽의 농촌유산정책, 한국의 농업유산 제도 등에 들어 있는 농촌·농업 관련 취지를 적극 반영하기로 한다. 그리하여 한국적 특색이 있는 농촌 에코뮤지엄 개념을 정립하기로 한다.

한국의 농촌 에코뮤지엄 개념을 정립함에 있어 주요 방향을 요약하면 다음과 같다. 먼저 대상 지역을 도시 지역을 제외한 농촌 지역으로 한정한다. 에코뮤지엄 개념은 농촌 보전이라는 동기에서 발생한 것이며, 따라서 이 개념의 적용은 도시보다는 농촌에 적합하기 때문이다.

농촌 에코뮤지엄의 일차적 목표는 농촌 지역 주민의 정체성 확립에 두기로 한다. 실제로 유럽에서도 에코뮤지엄이 이 같은 목적으로 활용된 바 있으므로 이 같은 목표가 전혀 새로운 것은 아니다. 이 경우 이에 따른 확산 효과와 부차적 효과로 인해 농촌 지역의 경제적 활성화를 기대하고, 결과적으로는 농촌 에코뮤지엄이 지역 주민의 삶의 질을 개선하는 데 기여할 것을 기대한다.[9] 그리고 한국의 농촌 에코뮤지엄이 지역 정체성 확립이란 목표를 달성하기 위해 에코뮤지엄의 진화적 개념에 해당하는 주민 참여와 관련 단체와의 협력, 지역 유산의 현지 보존 및 활용, 그리고 에코뮤지엄의 교육·연구 및 실험실로서의 기능 같은 핵심적 개념 요소를 포함하도록 설계하기로 한다.

*****

9) 에코뮤지엄은 지역의 정체성 확립에 일차적 목표를 둔다는 점에서 기존 농촌정책과 차별화된다. 새마을운동, 마을 만들기 같은 기존 농촌정책은 주로 지역경제 활성화에 목표를 두었다는 점에서 에코뮤지엄과 다르다. 에코뮤지엄은 원래 태생이 지역경제 활성화에 있는 것이 아니라 사라져 가는 농촌을 보존하고 그곳에 사는 사람들의 정체성을 확립한다는 데 있다. 이런 점에서 새마을운동이 개도국을 대상으로 하는 정책이라면, 에코뮤지엄은 개발국에 적합한 정책이라고 할 수 있을 것이다.

개념의 기본 구성 요소

주민의 참여성

농촌 에코뮤지엄을 이상과 같은 의도를 갖도록 만들기 위해서는 무엇보다 '지역 주민 참여'라는 개념이 중요한 개념 요소로 포함되어야 한다. 농촌 에코뮤지엄의 일차적 목적을 지역 정체성 확립에 둔 이유는 오늘날 산업화의 진전으로 농촌 지역의 정체성이 상실돼 가고 있으며, 이로 인해 지역민의 삶 자체가 상당 부분 황폐화되고 있다는 점을 고려했기 때문이다. 농촌 에코뮤지엄은 농촌 발전의 새로운 모형으로서 이 같은 문제점을 고려하는 것은 당연하다.

농촌 지역이 산업화로 획일화되고 고유의 특성을 잃어감에 따라 단순히 도시의 한계지인 주변부로 전락한다는 문제가 나타나고 있다. 향후 바람직한 농촌 지역의 모습은 도시와 대등한 관계로 그려져야 하고, 그러기 위해서는 우선적으로 농촌에 거주하는 주민에게 그곳에서 살아야 할 이유를 만들어 주어야 한다. 지역 정체성을 확립한다는 것은 이와 같이 농촌 지역민이 그곳에서 자랑스럽게 살아가는 이유들을 구체화하는 작업이라고 할 수 있다.[10)]

농촌 에코뮤지엄이 농촌 지역의 정체성을 확립하기 위해서는 그 구상이 일차적으로는 지역민을 위한 것으로 이루어지는 것이 바람직하다. 이때 타지 주민에 대한 전시라는 박물관의 기능은 2차적인 고려 요소가 될 것이

*****

10) 에코뮤지엄을 통해 지역 정체성을 회복하려는 의도는 유럽의 여러 에코뮤지엄에서 찾아볼 수 있다. 최초의 에코뮤지엄인 스칸센 박물관 역시 지역 정체성을 확립하려는 의도에서 설계되었으며, 비슷한 시기에 노르웨이에 설립된 노르스크 민속박물관도 스칸센 야외 박물관과 같이 전원박물관 형태로 노르웨이의 민족적 정체성을 교육하려고 노력하였다. 독일의 하이마트 박물관 역시 유사한 형태로 지역의 유산과 역사, 지역 주민의 생활풍습을 전시물에 포함시켰으며, 특히 나치에 의해 민족주의 교육 수단으로 활용된 바 있다.

다. 지역 정체성 확립이라는 제1의 목적에 맞게 잘 설계된 농촌 에코뮤지엄은 대체로 타지 주민에게 관심의 대상이 되므로 관광자원으로서 활용이 가능하다. 그러므로 지역의 고용 창출, 소득 증대 같은 효과가 동반되어 지역경제 활성화에도 기여하게 된다. 그러나 이 같은 효과는 어디까지나 2차적으로 수반되는 것으로 이해해야 한다. 에코뮤지엄이 상업성, 경제성을 먼저 추구할 때 그 본래의 취지에서 벗어날 우려가 있기 때문이다.

농촌 에코뮤지엄이 지역 정체성 확립에 기여하기 위해서는 당연히 그 내용과 활동에 주민의 참여가 필수적이다. '지역 정체성 확립'이란, 앞서 말한 바와 같이 지역 주민이 그곳에서 살아가는 이유를 밝히는 작업이라고 할 수 있으므로 그러한 작업의 주체 역시 주민이 되어야 함은 당연하다.

성공적인 농촌 에코뮤지엄을 만드는 데 문제가 되는 것은 주민의 참여를 어떻게 극대화하느냐 하는 것이다. 이러한 과제는 주민의 참여를 어떤 방식으로 유도해 낼 것인가 하는 주민 참여 방식에 대한 다양한 아이디어 창출을 통해 해결의 실마리를 찾을 수 있다. 다시 말해서 농촌 에코뮤지엄은 주민이 그 내용과 운영에 직접 참여하게 함으로써 주민 참여를 극대화할 수 있다. 그 구체적인 방법과 내용은 운영 주체의 능력에 해당하며, 지역에 따라 다양하게 나타날 것이다.

그 가운데 하나의 쟁점이 될 수 있는 것이 주민 참여를 유도해 내기 위해 어떤 동기를 어떻게 부여하는가이다.[11] 참여 동기로서 일반적으로 경제적 동기를 부여하는 방법을 생각할 수 있다. 그러나 이 같은 방법은 주민의 일

*****

11) 프랑스 크뢰조 박물관은 지역 주민의 참여를 바탕으로 만들어진 최초의 에코뮤지엄이다. 이 박물관은 지역 주민 스스로 지역 문제와 유산에 대해 인식하고 지역의 폐산업시설을 활용해 지역경제 활성화를 도모하고자 설계되었다. 주민이 직접 박물관 운영과 경영에 참여하기 시작했고, 나아가 지역공동체 개념이 강조되었다. 이 같은 계획은 이후 프랑스 전 지역으로 확산되었다.

시적 참여를 유도하는 데는 도움이 될지 몰라도 지역 정체성 확립과는 약간 거리가 있다. 경제적 보상이 아니더라도 농촌 에코뮤지엄에 참여하는 것 자체에서 흥미와 자긍심을 가질 수 있게 유도할 경우 주민들은 더욱 적극적·지속적으로 참여하게 될 것이다. 그러므로 주민이 농촌 에코뮤지엄의 내용과 활동에 재미와 자긍심을 느낄 수 있도록 하는 방법이 무엇인가를 창의해서 실천에 옮기는 작업이 바로 농촌 에코뮤지엄의 성패를 좌우하는 핵심 요소가 될 수 있다. 즉, 이 부분이 농촌 에코뮤지엄의 성공 여부를 가르는 관건으로 될 것이다.

그러면 어떤 방식으로 주민 참여가 이루어질 때 그들이 재미와 동시에 자긍심을 느끼며, 결과적으로 지역 정체성 확립이란 농촌 에코뮤지엄의 목표가 달성될 수 있을 것인가? 이와 관련된 작업이 바로 다음에서 설명할 지역이 가지고 있는 자원에 대한 가치 부여라고 생각된다.

농촌유산 발굴과 가치 창조

지역 정체성을 확립하기 위해서는 그 지역의 각종 자원을 찾아내 그것에 가치를 부여하는 작업이 중요하고, 그러기 위해서는 먼저 발굴 대상이 되는 지역 자원이란 어떤 것인지에 대한 분명한 이해가 필요하다.

발굴 대상은 물론 그 지역에 있는 가치 있는 자원이다. 이에 해당하는 개념은 농어촌연구원의 연구(2012)[12]에서 정의한 바 있는 '농촌유산' 개념에 해당되는 자원으로, 이에 대해서는 제1절에서 자세히 설명한 바 있다.

농촌 에코뮤지엄의 대상이 되는 농촌유산은 그 지역에 과거부터 있어 왔으며, 그 지역에서 형성된 것이면 유형이든 무형이든 모든 형태의 자원

*****

12) 한국농어촌공사 농어촌연구원(2012), 「농어촌 자원의 농·어업유산 지정을 위한 기준 정립 및 관리 시스템 개발 연구」, pp. 26~39

이 해당된다. 그러므로 다른 지역이나 해외에서 수입된 것은 농촌유산의 대상이 아니다.

모든 지역은 나름대로 유·무형의 귀중한 지역 자원을 가지고 있다. 그러므로 이런 의미에서 보면 모든 농촌 지역이 농촌 에코뮤지엄의 대상이 될 수 있다. 문제는 지역이 가지고 있는 다양한 자원 가운데 어떤 것을 선별하여 유산으로서의 가치를 부여하느냐이다. 이때의 '가치'란, 경제적 가치도 될 수 있고 경제 외적인 전통문화적 가치, 경관·환경적 가치, 생태적 가치도 될 수 있다. 특히 유산에 그 지역이 가지고 있는 문화적 가치를 찾아서 부여할 때 이것에 참여하는 지역민이 자긍심을 갖게 될 것이다. 그러므로 지역 자원 가운데 이와 같은 전통 문화적 요소를 찾아내 가치를 부여하는 것이 매우 중요하다.

주민이 유산에 가치를 부여하는 과정에 기여한다는 것은 바로 주민이 농촌 에코뮤지엄 내용과 활동에 참여한다는 것을 말한다. 그런데 지역유산에 가치를 부여하는 작업이 지역 주민만의 힘으로는 어려울 수 있다. 이 경우 지역 주민과 전문가, 지방정부의 협력이 필요하고, 특히 자원을 발굴하고 가치를 부여하는 데 전문가의 역할이 필요하다. 이 과정에서 주민들은 그들의 지식, 경험, 자료 등을 제공하여 그 동안 숨겨져 있던 지역의 가치를 밖으로 표출시키는 데 기여하게 된다. 주민의 농촌 에코뮤지엄 내용에 대한 참여란 이 같은 방식의 참여를 의미한다.

예를 들어 보자. 어떤 지역에 샛강이 있다고 하자. 이 강은 농촌 에코뮤지엄의 대상이 되는 유산이 될 수 있다. 즉, 샛강이 있는 경우 이것을 재료로 하나의 위성박물관을 만들 수 있다. 어느 지역에나 샛강이 있지만 이것에 어떻게 가치를 부여하느냐에 따라 다른 성과를 보일 수 있다. 만약 샛강의 수질이 깨끗하고 물고기 등 다양한 생물이 서식하고 있다면 이것은 더할 나위 없이 에코뮤지엄의 좋은 자원이 될 것이다. 이때 지역 운영 주체는 그 동안 이 샛강이 잘 보전될 수 있었던 환경적 요인, 주민들의 노력, 주민 생활과 농사활동에 미치는 영향 등을 기록하고 찾아내는 것이 필요하다. 특히 주민들의 지식, 정보, 경험, 자료 등을 토대로 보고서를 만들어 보관하고 전시하는 과정이 바로 지역 자원에 가치를 부여하는 활동이다. 이렇게 가치가 창출된 샛강은 당연히 에코뮤지엄의 좋은 자원으로 활용될 수 있다. 이때 주의할 것은 이 같은 작업이 정부나 전문가에 의해 일방적으로 이루어지는 것이 아니라 주민의 적극적 참여가 있어야 한다는 점이다.

그런데 만약 지역 샛강이 오염된 경우 이것이 농촌 에코뮤지엄 대상이 될 수 있는가 하는 점이다. 이에 대해 부정적 생각을 가질 수 있지만, 이 경우 가치를 부여하는 과정이 잘만 이루어진다면 유산이 될 수도 있을 것이다. 다시 말해서 만약 주민의 정체성 확립에 기여할 수 있도록 이 오염된 강에 가치를 부여하는 의미 있는 행위가 이루어질 경우 에코뮤지엄의 대상이 될 수 있다. 그렇게 되기 위해서는 과거와 현재, 그리고 미래를 동시에 바라보는 통시적·통합적 시각이 필요하다. 예를 들어 주민들의 기억을 재생함으로써 과거 이 강에 서식하던 토종 물고기를 조사해 내고, 이와 더불어 이것과 관련된 주민들의 먹거리와 생활에 얽힌 추억, 그리고 이 강이 오염된 경위, 앞으로 어떤 노력을 통해 이 강을 지역 보물로서 정화하고 복원할 것인지에 대한 계획 등을 담은 자료를 만드는 작업이 이루어질 경우 이것은 에코뮤지엄 재료로 활용될 수 있을 것이다. 이 같은 활동이 주민의 지역에 대한 역사 인식과 자각을 일깨우는 데 기여할 것이기 때문이다.

이상과 같이 주민이 참여하여 지역유산에 가치를 부여하는 작업은 지역마다 다양한 방법으로 이루어질 수 있고, 이 과정에서 지역마다 창의성이 발현될 수 있을 것이다. 따라서 지역별 농촌 에코뮤지엄에 대한 평가는 그 지역이 얼마나 창의적 아이디어를 채택했느냐에 좌우된다. 이와 같이 만들어지는 농촌 에코뮤지엄은 리비에르의 진화적 정의에서 보듯이 정형화된 것이 아니라 변화하며 진화하는 유기체와 같은 것이라고 할 수 있다.

요컨대, 주민들은 농촌 에코뮤지엄에 직접 참여하는 과정을 통해 자신이 가지고 있는 자원의 가치에 대한 정확한 인식을 할 수 있을 것이며, 그 내용과 운영에 참여하는 과정에서 서로 소통이 이루어지며 지역에 관한 지식을 공유하게 된다. 그렇게 될 때 주민들은 농촌에 산다는 것에 자긍심을 느끼며 삶을 영위해 나갈 것이다.

유산의 현지 보존

농촌 에코뮤지엄은 지역의 중요한 유산을 현장에 보존한다는 점에서 다른 박물관과 가장 큰 차별성이 있다. 구체적으로 농업유산 지역, 테마공원, 생태공원, 민속마을, 농촌체험마을 등이 농촌 에코뮤지엄의 중요한 구성요소로 나타날 수 있다. 이에서 보듯이 농촌 에코뮤지엄에서의 유산은 그것이 현지에서 보존·전시될 때 본래의 가치를 가장 잘 유지하게 된다.

농촌 지역의 유산을 현지 보존하는 경우 지역민이나 관람객에게 유산 지역에서 직접 체험하는 기회를 줄 수 있고, 이에 따라 지역 주민의 지역에 대한 이해를 더욱 높일 수 있다. 그러므로 이 같은 기회는 지역 정체성 회복에 도움이 될 수 있을 것이다.[13)]

유산의 현지 보존을 좀 더 확대 해석하면 지역 전체가 하나의 박물관이 된다는 것이다. 이 같은 배경에는 농촌 전체를 하나의 보물로 보고 농촌을 보존해야 한다는 의도가 깔려 있다. 그러므로 농촌 에코뮤지엄에서의 유산이란, 사실상 그 지역이 가지고 있는 모든 자원이라고 할 수 있다. 그런데 실제로는 이것들을 모두 활용할 수는 없으므로 이것들 가운데 농촌 지

*****

13) 1960년대 덴마크에서 체험박물관(Atelier Museum)이 처음으로 시도되었다. 체험박물관은 열린 박물관으로서 주민들의 일상적인 삶의 모습을 전시하고, 관람객이 직접 참여해서 체험할 수 있도록 설계되었다.

역사회 정체성 확립에 특히 기여할 수 있는 것, 즉 심미적 측면·문화적 측면·경제적 측면 등에서 특별한 가치가 있는 것을 선별해서 농촌 에코뮤지엄의 재료로 활용하게 된다. 이 경우 선별된 자원이 특히 과거부터 있어 온 것으로 역사적 가치를 갖는다는 의미에서 유산으로 명명하는 것이다. 지역 자원 가운데 이같이 활용 가치가 있는 유산 자원을 우리는 '농촌유산'이라고 규정한 바 있다.

박물관의 연구 · 실험 · 교육 기능

이상과 같이 농촌 에코뮤지엄에서는 지역의 가치 있는 유산을 발굴하여 현지에서 보존하는 활동이 중요하다. 그러나 이것만으로는 부족하고 이와 더불어 기존 박물관이 가지고 있던 기능, 특히 지역 자원에 대한 연구·교육·실험 등의 기능이 추가되어야 명실공히 박물관이라고 할 수 있다. 이 같은 기능이 활성화되어야 자원을 효율적으로 보존할 수 있기 때문이다.

농촌 에코뮤지엄에서 농촌유산의 현지 보존이란 특징은 농업유산과 같이 유산의 활동이 현재 이루어지고 있는 경우에 특히 필요하다. 유산을 활용함으로써 보존을 지속시키는 것이 가능하기 때문이다. 즉, 농업유산에서 농사활동이 지속되지 않는다면 농업활동 시스템이나 경관이 훼손돼 유산의 가치 역시 훼손될 것이기 때문이다.

그러나 그 활동이 과거의 기억 속에만 남아 있고 현재는 활동이 멈춘 곳이 있다. 단지 기억의 단편과 이를 알려 주는 유물의 일부만 남아 있는 경우는 이 같은 유물과 함께 그 기억을 되살려 보존하는 것이 필요하다. 예를 들어 예전 농기구나 생활용품 같은 유물은 현재 사용되지 않는데, 이런 유형의 유산은 굳이 현지에 보관하지 않아도 될 것이다.

이와 같이 과거의 기억을 상기시키는 유물의 경우 이를 수집하고 보관·전시하는 활동이 현지에서 이루어질 수도 있지만 특정한 유물의 경우는 장소를 이전하여 보관·전시하는 것이 필요할 수 있다. 예컨대, 지역에서 발굴된 토기, 농기구, 생활용품 같은 유물은 장소를 이전해 보관하더라도 가치의 손상이 작다. 오히려 현지에 보관될 경우 훼손의 우려가 있을 수 있는데, 이런 경우는 일정한 조건을 갖춘 실내 공간으로 이전하여 보관하는 것이 필요하다.

농촌 에코뮤지엄에서는 지역민의 일상과 관련된 것도 보관 및 전시 대상이 된다. 전통적 박물관은 역사가 오래되고 희소성이 매우 높은 유물을 보관·전시 대상으로 하는 반면, 농촌 에코뮤지엄에서는 지역민의 일상생활과 관련된 것으로 가치성이 그다지 높지 않은 것도 보관·전시 대상에 포함시키는 것이 필요하다.[14)]

다시 말해서 전통적 박물관이 희소하고 역사성을 지니며, 특별한 가치가 있는 유물을 대상으로 했다면 농촌 에코뮤지엄에서는 주민들의 생활용품을 전시물에 포함시킨다는 점에 차이가 있다. 즉, 농촌 에코뮤지엄은 대중성을 지향한다는 것이다. 이 같은 관점에서 농촌 에코뮤지엄에서는 과거의 가치 있는 것뿐만 아니라 현재 주민의 생활과 밀접한 연관이 있는 대중적인 것일지라도 지역성이 잘 드러난 것이면 유산으로서의 자격을 갖는다.

이상에서 알 수 있듯이 에코뮤지엄은 유물을 보존하고 전시하는 데 치우쳤던 기존 박물관의 기능에 더하여 지역 유산에 대한 연구·실험 등의 기능이 강화된다는 특징이 있다. 예컨대, 기존 박물관에서는 연로한 지역 주민의 과거 기억을 찾아서 기록하고 복원하는 조사·연구 활동이 별로 활성

*****

14) 1894년 설립된 이탈리아 피이트레 박물관에는 주민의 일상생활과 관련된 용품이 전시되었고, 1914년 설립된 독일 하이마트 박물관에도 지역 주민의 유산, 역사, 생활풍습 등이 전시물에 포함되었다. 미국의 경우 1967년 설립된 애너코스티아 박물관(Anacostia Neighborhood Museum)에는 유물이 될 만한 귀중품은 아무것도 없었으며, 흑인들이 거주하는 작은 도시의 일상적인 생활용품과 그들의 전통문화가 전시되었을 뿐이다.

화되지 않았지만 에코뮤지엄에서는 지역에 대한 조사·연구 활동의 기능을 중시한다. 그 과정에 주민이 참여하고, 그 결과를 다시 주민에게 알리는 교육 과정이 이루어진다. 이 같은 기능이 추가될 때 농촌 에코뮤지엄은 기존 박물관보다 지역 유산을 보다 효율적으로 보존하는 것이 가능해진다.

한국 농촌 에코뮤지엄 개념 정립

이상과 같은 기본적 개념 요소를 포함시켜 한국 농촌 에코뮤지엄을 정의할 수 있다. 즉, '한국 농촌 에코뮤지엄'이란, 농촌 지역 주민이 주체적으로 지역 자원을 발굴하고 연구·실험·교육 활동을 통해 이에 역사·문화·사회적 가치를 부여하며, 이것들을 그들의 생활과 함께 현장 중심으로 서로 연결하여 보전하고 전시하는 야외 박물관이라고 규정할 수 있을 것이다.

한국의 농촌 에코뮤지엄을 이상과 같이 기술적으로 정의할 경우 다른 규범적 개념 정의에서와 같이 다소 논란의 여지가 있을 수 있다. 사람마다 의견이 다르기 때문에 합의에 이르기 어려운 면이 있기 때문이다. 즉, 어떤 개념 요소를 포함시켜야 하며, 그 가운데 어떤 것에 더 가중치를 부여해야 하는가 하는 점에 대해 논란이 있을 수 있다. 특히 이와 같이 개념을 단정적으로 기술할 경우 농촌유산이라는 대상을 진화적으로 이해하는 데 걸림돌이 될 여지가 있다. 이런 이유로 근래에는 개념을 정의할 때 그 목적이나 목표만 제시하고 단정적 기술은 하지 않는 방식이 흔히 사용된다. 앞서 본 리비에르의 '에코뮤지엄의 진화적 정의'가 이와 유사한 방식으로 정의된 사례다.

한국 농촌 에코뮤지엄의 경우도 기술적 정의에 지나치게 구속될 필요는 없다. 그보다는 시대적 상황에 따라 이 제도를 통해 달성하려는 목적에 배치되지 않는 범위 내에서 그 개념을 탄력적으로 해석해도 무방할 것이고, 그래야 제도를 운영함에 있어 융통성을 가질 수 있을 것이다.

한국 농촌 에코뮤지엄을 정의할 때, 이것이 기존 박물관과 어떤 점에서 차이가 있는지 분명히 해둘 필요가 있다. 이에 대해서는 지금까지 수차례 언급하였는데, 농촌 에코뮤지엄은 무엇보다도 전통적 박물관과 전시물 대상에서 큰 차이가 있다. 전통적 박물관에서는 전시물이 주로 유물인 데 반해, 농촌 에코뮤지엄은 유물보다 넓은 개념인 '유산'을 대상으로 한다. '유물'은 과거부터 전해져 온 물건이란 의미지만, 유산은 유물을 포함하는 각종 유·무형 자산을 의미하므로 유물보다 포괄 범위가 넓은 개념이다.

이상의 정의에서 농촌 에코뮤지엄은 대상 범위를 농촌 지역에 한정하였다. 그러므로 농촌 에코뮤지엄의 대상이 되는 유산은 대부분 농업활동이나 농촌생활과 관련된 것으로 보아야 한다.[15] 또한 전통적 박물관이 지역성에 상관없이 유물을 수집·전시한 것과 달리, 농촌 에코뮤지엄은 그 지역에 연고가 있는 유산을 대상으로 한다는 점에 차이가 있다. 이런 점에서 보면 농촌 에코뮤지엄은 지역 박물관이라는 성격을 갖는다. 또한 전통적 박물관은 주로 가치 있는 유형의 유물을 수집·전시하지만 농촌 에코뮤지엄에서는 유형뿐 아니라 무형의 유산도 중요한 대상이고, 지역민의 일상생활과 관련된 모든 자원 역시 그 대상이다.

*****

15) 대상이 농촌이 아니라 도시 지역인 경우는 대상이 되는 유산은 농업활동이나 농촌생활과의 관련성이 약하며, 아마도 건축과 관련된 유산이 대부분을 차지할 것이다. 이 같은 경우는 농촌 에코뮤지엄에 대칭적으로 도시 에코뮤지엄으로 규정할 수 있을 것이다.

한국 농촌 에코뮤지엄 설계

기본 구상

농촌 에코뮤지엄은 앞에서 논의된 농촌 에코뮤지엄 개념의 구성 요소로부터 도출된 개념을 충실히 반영하고, 특히 농촌유산, 주민, 박물관의 기본 기능이라는 3대 개념 요소를 고려하여 설계한다. 이 가운데 농촌유산은 농촌 에코뮤지엄의 전시 대상이고, 박물관의 기능과 주민 참여는 농촌유산이라는 전시 대상의 가치를 창조해 내는 데 적용되는 수단적 개념 요소이다. 그러므로 농촌 에코뮤지엄을 설계하기 위해서는 먼저 전시 대상이 되는 지역 유산이 가지고 있는 내재적 가치를 찾아내야 한다.[16]

이때 어떤 가치에 초점을 두고 지역 유산을 찾아낼 것인지의 판단은 농촌 에코뮤지엄의 목표인 지역 정체성 확립과 관련하여 행하는 것이 타당

*****

16) 농촌 에코뮤지엄 설계자는 설계에 앞서 먼저 지역 유산에서 어떤 가치를 찾아내야 하는지에 대한 사전적 이해가 필요할 것이다.

할 것이다. 지역 정체성이란 지역민이 그들이 가지고 있는 유산이 특별하고 독특한 가치를 지니고 있다는 점을 인식하는 데서 비롯된다고 할 수 있다. 예컨대, 한 지역의 자연경관이 지역민의 정체성 확립에 기여할 수 있는 가치를 부여받기 위해서는 다양하고 희귀한 생물이 서식하고 심미적으로 우수해야 한다. 그 지역의 농업활동과 관련해서는 토지 및 수자원이용 시스템 같은 농업활동 시스템이 고유한 가치를 가져야 한다. 또한 농촌생활과 관련해서는 그 지역에 전통·문화적 요소들이 다수 있으며, 차별적 우수성을 가져야 한다.

이와 같이 농촌 에코뮤지엄에서는 농촌유산으로부터 생물다양성, 수려한 경관, 전통적 농업 시스템, 전통 생활문화 등의 가치를 찾아내는 데 초점을 두게 된다. 이러한 가치를 창조하는 데 있어 주민의 적극적 참여가 있어야 하며, 이를 통해 박물관의 기능이 활성화되는 것이 필요하다.

농촌 에코뮤지엄 설계의 실제 구상은 3단계로 구분할 수 있다.

첫째, 이상에서 설명한 생물다양성, 수려한 경관, 토지 및 수자원이용 시스템, 전통문화 같은 가치를 가진 유산이 그 지역에 있는지 조사하는 단계다.

둘째, 조사된 유산의 가치를 인식하기 위해 주민의 지식, 경험, 정보 등을 활용하여 유산의 가치를 평가해 보고 가치를 부여하는 단계다. 이 단계에서 자료의 수집, 정리, 분석, 연구 그리고 미래를 위한 실시 계획 등이 이루어진다. 유산의 가치 창조가 이루어지는 단계이므로 농촌 에코뮤지엄을 설계하는 데 있어 가장 핵심 단계라고 할 수 있다.

셋째, 전시하는 단계다. 주민들은 위의 둘째 단계를 거치면서, 즉 지역이 가지고 있는 유산의 내재적 가치를 찾아내는 과정에서 자기만족을 통해 자긍심을 가질 수 있을 것이다. 그러나 여기까지는 주관적인 것으로 자체 평가에 해당한다. 지역유산이 가진 가치의 진정성을 인정받기 위해서는 외부에 유산을 전시하여 공개하는 과정이 필요하다. 이를 통해 객관적으로 가치를 인정받게 될 것이기 때문이다. 전시를 통해 관람객을 많이 유치할 경우 지역 유산의 가치가 객관적으로 인정받는 것이므로 지역민은 그들의 유산에 대해 더욱 큰 자긍심을 느낄 수 있다.

농촌 에코뮤지엄에서는 유산을 가치의 훼손됨 없이 보존하기 위해 현지에서 전시하는 것이 특징인데, 이때는 체험을 통한 관람이 가능해진다. 농촌 에코뮤지엄의 일차적 목표는 정체성 확립에 있지만 관광이 활성화되면 유산 보전의 정당성과 효과가 더욱 커지므로 지역 정체성 확립에도 기여할 수 있다.[17] 그러므로 농촌 에코뮤지엄에는 체험 관광이라는 요소도 2차적으로 고려할 수 있을 것이다.

대상 구역 설정

농촌 에코뮤지엄을 개념적 측면에서 그 특성을 고려해볼 때 대상 구역은 탄력적으로 이해하는 것이 바람직하다. 에코뮤지엄은 원래 생동적·진화적이므로 시간의 흐름에 따라 농촌 에코뮤지엄의 규모 역시 확장돼 가는 것으로 해석할 수 있기 때문이다. 즉, 면 단위의 소형 농촌 에코뮤지엄에서부터 복수 면 단위의 중형 농촌 에코뮤지엄, 나아가 시·군 단위의 대형 에코뮤지엄으로 그 구역이 확대돼 나갈 수 있을 것이다.

그러나 농촌 에코뮤지엄은 구역의 크기에 상관없이 모든 개념 요소를 충족시키도록 설계되는 것이 바람직하다. 즉, 면 단위의 소형 농촌 에코뮤지엄이라도 그 속에 있는 모든 농촌유산을 대상으로 설계하는 것이 바람

*****

17) 관광이 활성화되는 것이 유산 보전에 효과적이라는 생각은 취환(한중문화우호협회장)의 "문화 없는 관광은 살아 있는 관광이 아니고, 관광 없는 문화는 효과가 없다."는 주장(한국경제, 2014. 5. 16.)과 같은 것이다.

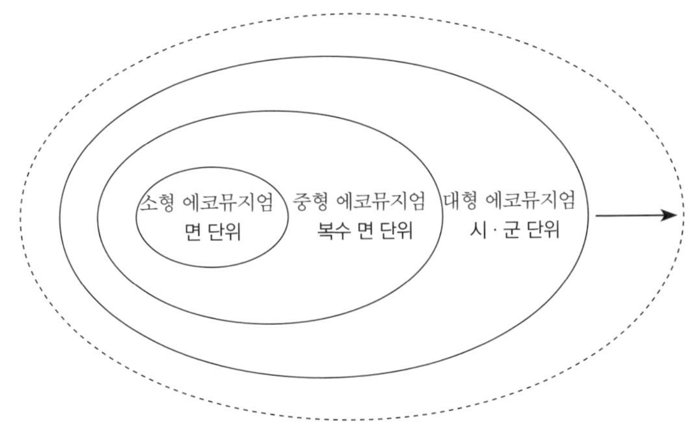

[그림 1] 행정단위에 의한 대상 구역 범위 설정

직하다. 면 단위에 다양한 종류의 유산이 있을 경우는 여러 개의 위성박물관을 만드는 것도 가능하다. 그러므로 면 단위 농촌 에코뮤지엄은 그 자체로서 하나의 완성된 형태를 취하게 된다.

이와 같이 만들어진 면 단위의 소형 에코뮤지엄이 통합되어 시·도 단위의 대형 농촌 에코뮤지엄로 확대될 수 있다. 이때 소형 농촌 에코뮤지엄은 대형 농촌 에코뮤지엄 속에서 하나의 위성박물관으로 역할을 수행하게 된다. 이 경우 면 소재지에 거점(위성) 박물관을 둘 수 있을 것이다.

한편 에코뮤지엄을 유산이라는 자원에 초점을 맞출 때는 유산의 분포에 따라 그 범위를 설정할 수 있을 것이다. 예컨대 수계자원, 작물자원, 생물다양성 자원 등이 집중적으로 분포돼 있는 유역을 에코뮤지엄 대상 권역으로 설정할 수 있다. 이때는 에코뮤지엄 대상 구역에 여러 개의 행정구역이 포함될 수 있는데, 이 경우 에코뮤지엄 실행에 있어 각 행정단위 간 협력과 협조를 이끌어 내는 데 약간의 어려움이 있을 것으로 예상된다. 그러나 자원 보전이라는 측면에서는 행정단위 에코뮤지엄보다 강점이 있을 것으로 기대된다.

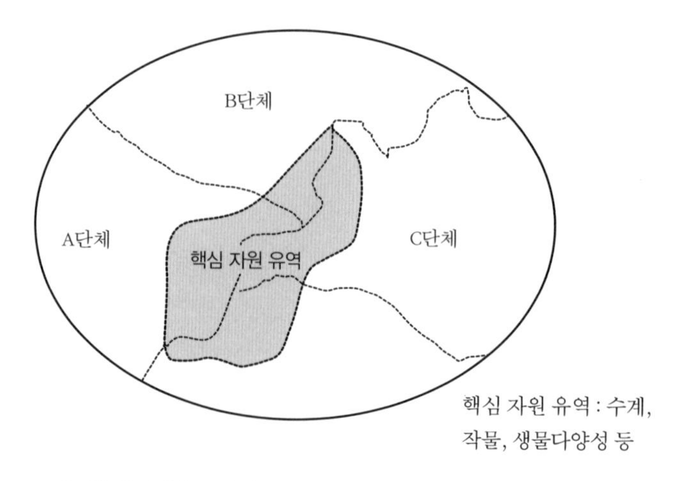

[그림 2] 자원 분포에 따른 대상 구역 범위 설정(예시)

농촌 에코뮤지엄 유형

유형화 기준

농촌 에코뮤지엄에서는 농촌 지역에 있는 유산, 즉 농촌유산을 찾아 그 것에 가치를 부여하는 작업이 핵심 활동이다. 그런데 농촌 지역마다 유산의 고유한 특성이 다르므로 당연히 지역마다 농촌 에코뮤지엄의 모습도 달라진다. 그러므로 농촌 에코뮤지엄을 그 지역 농촌유산의 특성에 따라 유형화해 볼 수 있고, 그러기 위해서는 먼저 농촌유산의 개념을 구성하는 개념적 요소를 분석해 볼 필요가 있다.

농촌유산의 범위는 크게 농업활동과 농촌생활에 관련된 유산으로 구분된다. 먼저 농업활동과 관련된 유산 가운데 가장 중요한 것이 FAO에서 말하는 농업유산(GIAHS)이다. 이 경우의 농업유산은 생물다양성이 풍부한 경관과 토지이용 시스템(농업활동 시스템)으로 정의되었다. 그러므로 농업유산 가운데 생물다양성을 강조한 것을 하나의 유형으로, 그리고 토지이용 시스템에 무게 중심을 둔 것을 두 번째 유형으로 분류하는 것이 가능하다. 다음으로 농어민의 농어촌 생활과 관련된 유산은 대부분 문화유산과 관련된 것으로 볼 수 있는데, 이것을 또 하나의 유형으로 구분할 수 있다.

그러므로 농촌 에코뮤지엄은 농업활동과 관련한 2개의 유형, 그리고 농촌생활과 관련한 1개의 유형으로 구분하는 것이 가능하다. 즉 농촌유산의 특성에 따라 농촌 에코뮤지엄을 3가지 유형으로 구분하기로 하고, 농업생산활동과 관련하여 생물다양성을 강조한 유형을 '생태경관형', 토지 이용 시스템을 중시한 유형을 '전통 농업형', 그리고 농촌생활과 관련한 유형을 '전통문화형'으로 부르기로 한다.

그런데 이상과 같이 유형화할 경우, 농업활동 이외에 일반 산업과 관련된 농촌유산이 배제된다. 광산이나 2·3차 산업과 관련된 시설이 이에 해당하는데, 만약 이 같은 비농업 관련 산업의 유산을 중심으로 농촌 에코뮤지엄을 설계할 경우는 이를 또 하나의 유형으로 추가할 수 있으며, 이를 일반 '산업유산형'이라고 부를 수 있다. 필요에 따라서는 농촌 에코뮤지엄을 이렇게 4개로 유형화할 수 있으나 여기서는 네 번째 유형은 제외하고 논의하기로 한다.

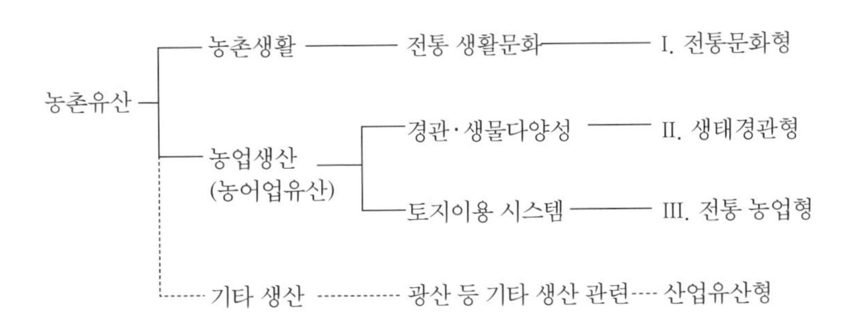

[그림 3] 농촌 에코뮤지엄 유형 구분

에코뮤지엄 유형

생태경관형

생태경관형에는 자연경관으로서의 산, 강, 계곡, 숲, 습지 등의 자연유산이 포함된다. 그러나 이것만으로는 충분하지 않다. 이에 근접하여 농업생산활동이 이루어지고 있으며, 또한 이와 관련하여 생물다양성이 잘 보존되고 있는 지역이 그 대상이 된다.

이 유형에서는 특히 생물다양성 증진을 중요한 요소로 한다. 그러므로 친환경·유기농업이 주요 소재가 될 수 있다. 대표적인 예로 생태계 최상위에 있는 동물, 특히 새를 대표적인 상징물로 내세우는 친환경농업을 들 수 있다. 예산의 황새 농업, 일본 사도 섬의 따오기 농업 등이 이에 해당한다. 이 외에도 오리 농업, 우렁이 농업, 참게 농업, 물고기 농업 등이 대표적인 사례에 해당한다.

전통 농업형

전통 농업형은 농어업유산 가운데 전통 농업활동 시스템이 잘 남아 있는 지역이 해당된다. 여기서 농업활동 시스템이란, 주로 전통적인 토지 및 수자원이용 시스템을 의미한다.

대표적인 토지 및 수자원이용 시스템은 주로 논 및 밭농사와 어업, 임업 등과 관련하여 찾아볼 수 있다. 산악 지대 토지이용 시스템 형태인 다랑이논(구들장 논) · 계단식 밭 · 건조장(황태 등), 산지나 바다 개간·간척 농업 시스템, 고부가가치 작물 재배 시스템(인삼, 담배, 차 등), 축산과 관련된 것으로는 전통적 방목지 · 채초지, 임업과 관련된 것으로는 전통적 생산림, 어업과 관련된 시스템으로는 독살 · 염전 · 갯벌 · 죽방렴 · 어항 등이 이에 해당한다. 이 외에도 전통적인 관개시설로서의 각종 저수지나 보 같은 관개농수로 등을 들 수 있다.

전통 농업형에서는 한국농업유산 개념에 해당하는 유산은 당연히 좋은 소재로 활용될 수 있다. 이에 대해서는 제1절에서 충분히 설명한 바 있다. 이 외에도 한국농업유산 조건에 미달되는 것, 예컨대 지금은 활동이 멈추었지만 역사적 의미를 지닌 저수지나 물레방아 방앗간, 수로 등의 유적지가 이 유형의 소재로 활용될 수 있다.

전통문화형

전통문화형은 다른 유형보다도 역사·문화적 유산이 특별히 많은 지역이 대상이 된다. 특히 이 유형에는 농촌유산 가운데 생활과 관련된 유산 대부분이 포함된다.

이 유형의 소재에는 국가나 지방정부가 지정한 모든 문화재는 물론이고, 마을의 역사적 자료(마을 형성 과정, 마을 명칭, 행정구역 변천, 마을 전설 등), 전통 가옥 등 전통 건축물, 기념비, 담장, 우물, 하수로, 성황당, 제당, 장승, 전통 공예 및 가구, 생활용기(제기 등), 전통 의복 및 음식, 이 외에 기타 관습, 풍습, 축제, 행사, 전통 예술 등이 포함될 수 있다.

대표적으로 전통 민속마을, 전통 한옥마을 등의 지역을 들 수 있다. 안동의 경우 안동 지역이 가지고 있는 유교적 사료, 대표적인 유학자 계보, 서당과 제당, 제사음식, 의병 관련 기록물, 그 외에 하회탈과 관련된 민속문화 등이 소재로 활용될 수 있다. 제주 4·3 사건과 관련되어 발굴·수집된 사료 같은 역사적 자료 역시 이 유형에 적합한 소재로 활용될 수 있을 것이다.

유형화의 유의점

이상에서는 농촌 에코뮤지엄을 3개 유형으로 구분하였다. 그런데 앞서 말한 바와 같이 이 경우 농촌유산에 해당되지만 3가지 유형에 포함되지 못하고 제외된 유산이 일부 있을 수 있다. 이것들은 주로 농업 이외의 생산활동과 관련된 유산들로 탄광·금광 등의 폐광, 그리고 음식·숙박업 같은 서비스업과 관련하여 그 흔적이 남아 있는 것들이다. 이것들을 중심으로 한 유형을 산업유산형으로 명명하여 별도의 유형으로 분류할 수 있다.

그런데 이 경우는 에코뮤지엄 대상 지역을 작게 지정할 때 가능하고, 만약 대상 지역을 군 단위 정도로 확대할 경우는 이 같은 특징이 해당 지역의 핵심 요소로 부각되기 어려워진다. 이때는 앞서 설명한 3가지 유형의 농촌 에코뮤지엄 가운데 하나의 위성박물관으로 설계하는 것이 바람직할 수 있다. 다시 말해서 전통 농업형 에코뮤지엄이라고 해서 반드시 농업과 관련된 유산만 전시 대상이 되는 것은 아니다. 핵심적 대상이 전통 농업유산이며, 그 외에도 그 지역에서 가치 있는 유산이 있으면 산업유산이나 자연유산도 위성박물관에 포함시키는 것이 바람직하다. 농촌 에코뮤지엄의 원래 기능이 지역의 다양한 유산을 보전·전시하는 데 있기 때문이다.

그럼에도 불구하고 이상과 같이 농촌 에코뮤지엄을 유형화하여 설계할 경우는 다른 유형에 속하는 유산이 소홀히 취급될 가능성이 있다. 농촌 에코뮤지엄이란 원래 복합적 성격을 가지기 때문에 하나의 유산이 갖는 특징을 강조하더라도 다른 형태의 유산이 있을 경우 그것들의 가치를 찾아내는 것 역시 중시되어야 한다.

사실 면 단위의 소형 에코뮤지엄에서는 어느 하나의 유형적 특징이 두드러지게 나타날 가능성이 크다. 그러나 여러 개의 면으로 이루어진 군 단위 이상의 농촌 에코뮤지엄에서는 특정한 하나의 유형적 특징보다는 복합적 모습으로 변해갈 가능성이 크다.

예를 들어 세계농업유산으로 지정된 청산도 '구들장 논'의 경우를 생각해 보자. 청산도라는 작은 구역을 대상으로 하는 농촌 에코뮤지엄에서는 전통 농업형이라는 유형적 특징이 잘 나타날 수 있을 것이다. 그러나 구역이 완도군 전체로 확대될 경우는 청산도의 전통 농업형 특징과 다른 면 지역이 가지고 있는 생태경관형적 특징, 그리고 다른 면의 전통 생활문화형적 특징이 모두 포함된다. 따라서 군 단위 전체로 볼 때는 전통 농업형이라는 하나의 유형적 특징보다는 복합적 특징이 더욱 강화될 수 있다.

그렇다 하더라도 전통 농업이라는 특징이 중심적 위치를 차지하면 전통 농업형으로 명명해도 무방할 것이다. 단지 여기서는 구역이 확대되면 하나의 유형적 특징이 약화된다는 점을 지적하는 것이고, 유형화가 필요 없다는 의미는 아니다. 오히려 실제로는 농촌 에코뮤지엄을 이상과 같이 유형화해서 설계하는 것이 바람직할 것으로 생각된다.[18]

[표 2] 농촌 에코뮤지엄 대상 자원의 주요 목록과 가치 평가(예시)

분 류	종 류	가치 평가		
		고유성	역사성	대표성
전통 문화	• 국가지정문화재 • 국가등록문화재 • 지방자치단체 지정문화재 및 자료 • 마을 역사물(마을 형성 과정, 마을 명칭, 행정구역 변천 등) • 전통 가옥 • 기념비 • 담장 • 우물, 하수로 • 성황당, 제당 • 장승 • 기타 전통 건축물 • 전통 공예 및 가구 • 생활 관련 기구(제기 등) • 전통 의복 등 생활 관련 자료			

*****

18) 일반적으로 대상 범위가 확대될수록 유형적 특징이 줄어들 수 있겠으나 군 단위라고 해도 유산의 특성에 따라 유형적 특징이 잘 유지될 수 있는 경우도 있다. 예를 들어 우리나라 인삼의 경우 농업유산으로서의 자격이 인정된다. 이 경우 그 재배 지역을 전통 농업형 농촌 에코뮤지엄으로 설계할 수 있을 것이고, 인삼은 군 전체에 재배 시설이 분산돼 있을 가능성이 크므로 군 단위에서도 전통 농업형이라는 유형적 특징을 강하게 가질 수 있다.

분 류	종　류	가치 평가		
		고유성	역사성	대표성
	• 관습, 풍습, 축제, 행사, 전통 예술 등 • 전통음식 조리 방법 • 마을 전설 등			
생태 경관	• 산 • 강 • 계곡, 샛강 • 나무 • 늪지 • 야생 서식지 • 동물, 곤충 등 • 식물(야생화, 약초, 나물 등) • 친환경 논·밭 • 둠벙			
전통 농업	• 다랑이 논(구들장 논) • 계단식 밭 • 건조장(황태 등) • 전통 작물(인삼, 담배 등) • 작목별 시목지 • 전통적 방목지, 채초지 • 전통적 생산림			
전통 어업	• 독살 • 염전 • 갯벌 • 죽방렴 • 어항			
기 타	• 기타 산업유산(광산, 채석장, 공장 지대 등)			

* 주) '고유성'은 지역적 및 시대적 특성을 반영한 우수성을 고려함. '역사성'은 전승된 기록과 계승할 가치를 고려함. '대표성'은 분야별로 세계·국가·지방적 대표성 정도를 고려함. 이 외에도 실천성(주민의 참여성), 유익성(지역에 대한 기여) 등의 요소를 고려할 수 있을 것임.
* 자료 : 한국농어촌유산학회(2013), 「농어업유산의 이해」, p. 63 / 방한영(2003), 「농촌 활성화를 위한 지역 유산 활용 및 마을 만들기에 대한 연구」, p. 167 / 박헌춘(2011), 앞의 글, p. 119 등을 참고하여 재구성함.

농촌 에코뮤지엄 설계의 실제

실제로 농촌 지역에서 농촌 에코뮤지엄을 설계하기 위해서는 첫 단계로 해당 지역의 유산을 찾아내는 작업이 이루어져야 한다. 지역의 농촌유산을 발굴하기 위해서는 농촌유산 목록(표 2 참조)을 만들어 해당되는 유산을 하나씩 체크해 나가고, 새로운 것이 나타나면 목록에 추가하는 방식을 취할 수 있다.

지역 주민들은 이렇게 각 지역에서 발굴된 유산에 대해 가치 평가를 해 가는 과정에서 그 지역이 어느 유형의 농촌 에코뮤지엄에 더 가까운지 결정할 수 있다. 농촌 에코뮤지엄 유형은 설계자가 사전적으로 결정해 놓고 그에 맞춰 설계하기보다는 유산을 찾아서 가치를 창조하는 과정에서 사후 결정되는 것으로 이해하는 것이 바람직하다.

유산을 발굴한 후에는 여기에 가치를 부여하게 된다. 이 과정이 농촌 에코뮤지엄 설계에 있어 가장 중요한 단계이므로 이때는 주민과 전문가가 함께 참여하는 것이 필요하다. 유산의 가치 평가는 특히 전문가의 참여가 필요하고, 주민과 전문가가 협의하여 가치 평가 항목을 정할 수 있다. 평가 항목은 유산의 지역성, 역사성, 대표성 등의 관점에서 고려될 수 있다.

지역성은 유산이 그 지역의 고유한 특성을 얼마나 잘 간직하고 있는가 하는 점과 유산이 한 시대의 고유성을 얼마나 잘 반영하고 있는가 하는 점 등이 고려될 수 있다. 역사성은 오래될수록 가치가 높겠지만 그 길이를 절대적으로 해석할 필요는 없다. 비록 역사가 짧더라도 유산이 희소하며 유산으로서의 특징이 우수하여 후대에 물려줄 만한 가치가 큰 것이라면 그 가치성이 인정되어야 할 것이다. 즉, 역사성의 가치는 과거뿐 아니라 미래의 관점에서도 고려되는 것이 필요하다. 대표성은 국제적, 국가적, 지역적 수준에서 평가할 때 유산이 그 분야에서 어느 정도에 해당하는가 하는 것이다.

이 외에도 실천성이나 유익성 항목이 추가될 수 있을 것이다. 실천성의 하위 항목에는 주민 참여 및 협력 가능성 등이 고려될 수 있을 것이며, 유익성에는 유산의 활용이 주민의 정체성 확립과 주민생활에 얼마나 기여할 수 있는가 등이 고려될 수 있을 것이다.

실제로 에코뮤지엄 구상을 현실에 옮길 때 첫 번째로 고려할 것은 대상 지역을 선정하는 작업이다. 대상 지역은 기본적으로 모든 농촌 지역이 해당되나 정책적 이유에서 먼저 시범적 성격을 갖는 농촌 에코뮤지엄을 설계하는 경우라면 특히 농촌유산의 특징이 잘 드러난 곳을 선정하는 것이 효과적일 수 있다. 다음은 선정된 지역의 핵심적 농촌유산을 조사하여 이것이 위치한 곳에 농촌 에코뮤지엄센터를 둔다. 그리고 이곳을 중심으로 위성박물관을 하나씩 설치해 나간다.[19] 그 다음으로 센터와 위성박물관, 그리고 위성박물관 간을 연결하는 탐방로를 개설한다. 이에서 보듯이 에코뮤지엄을 구성하는 중요한 물리적 요소는 '센터', '위성박물관', '탐방로'라고 할 수 있다.

에코뮤지엄센터

농촌 에코뮤지엄에는 본부 격에 해당하는 에코뮤지엄센터를 두는 것이 필요하다. 센터는 주로 핵심 유산 지역에 둘 수 있겠으나 경우에 따라서는 주민의 접근이 용이한, 지역의 중심지에 둘 수도 있다.

센터에서는 지역 유산 조사, 자료 수집·연구·보존 등의 활동뿐만 아니

*****

19) 이때 대상 지역의 범위는 앞서 언급한 바와 같이 탄력적·확장적 개념으로 보는 것이 바람직하다. 즉, 농촌유산의 핵심 지구가 위치한 곳에서 시작하여 그 범위가 확장돼 나가게 된다. 처음에는 위성박물관 수가 몇 개에 불과한 작은 규모의 농촌 에코뮤지엄을 생각할 수 있지만 위성박물관이 점차 추가됨에 따라 농촌 에코뮤지엄 규모는 더욱 커질 것이다.

라 농촌 에코뮤지엄 운영을 위한 각종 회의와 주민교육 등도 이루어진다. 센터의 이 같은 기능이 원만히 수행되기 위해서는 어느 정도의 실내 공간을 보유한 건물이 필요하다. 형태는 기존 박물관과 유사해도 무방하나 반드시 기존 박물관과 같은 구조나 외관을 가질 필요는 없다. 기존 마을회관이 센터의 기능을 수행할 수도 있으므로 가능하면 물리적 구조를 다시 구축하기보다는 기존 것을 활용하는 것이 바람직하다.

위성박물관

농촌 에코뮤지엄에는 여러 개의 위성박물관(Satellite Museum)이 필요하다. 농촌유산이 있는 현지마다 위성박물관을 두게 되는데, 근접한 거리에 수개의 농촌유산이 있는 경우는 하나의 위성박물관에 묶어서 설치하면 된다.

에코뮤지엄의 가장 큰 특징이 유산을 현지에 보존한다는 점이기 때문에 위성박물관의 존재 자체가 농촌 에코뮤지엄의 성패를 좌우하는 매우 중요한 구성 요소다. 위성박물관은 기본적으로 유산이 위치한 지역이라는 면적 개념이므로 사실상 새로운 물리적 구조를 설치하는 것이 아니라 지정하는 것이라고 할 수 있다. 그러나 필요에 따라서는 농촌유산을 설명하는 표시판, 안내판 같은 간단한 물리적 구조를 새로 설치할 수 있다. 다시 말해서 유산 지구 안에 연구·교육·전시 활동을 위한 실내 공간이 없는 전통 농어업 지역이나 생태경관 지역의 경우 실외에 입간판 같은 것을 설치하여 유산에 대한 소개를 할 수 있을 것이다. 물론 실내 공간이 확보된 경우는 이곳에서 이상과 같은 기능을 할 수 있다.

위성박물관은 지역 유산 발굴에 따라 그 위치와 개수가 결정된다. 그러므로 위성박물관 개수는 적정 수준이 정해져 있는 것이 아니라 시간이 지남에 따라 점차적으로 확장돼 나간다. 즉, 새로운 유산이 발굴되면 또 하나의 위성박물관이 추가되는 것이다.

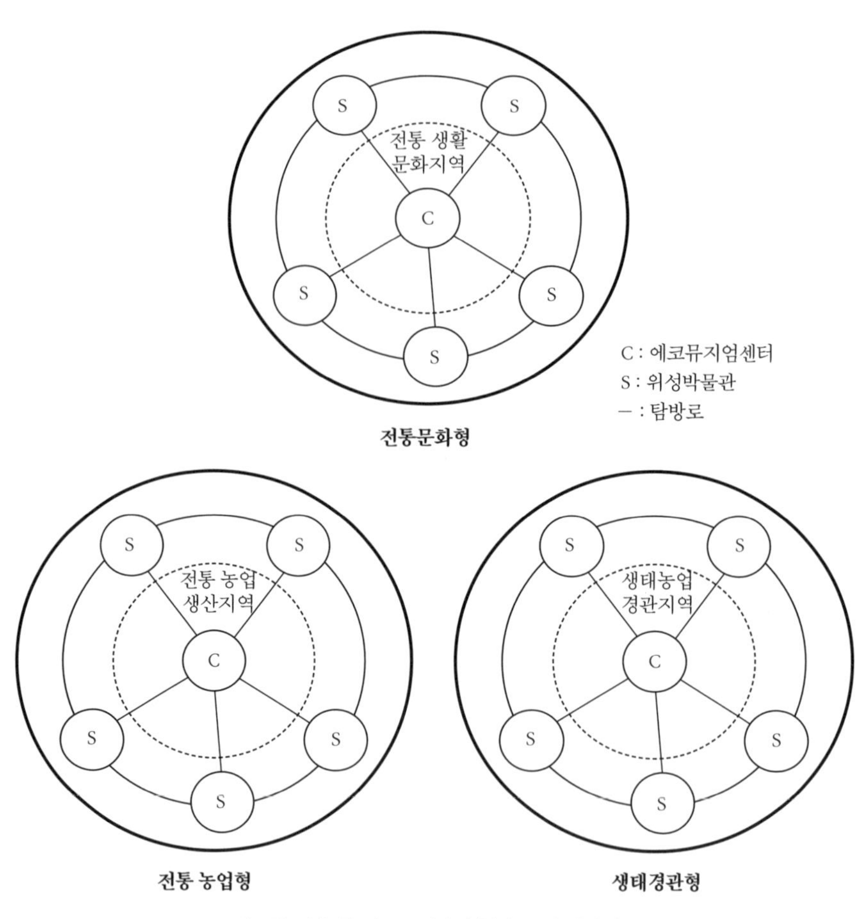

[그림 4] 농촌 에코뮤지엄 유형별 구성도(예시)

탐방로

에코뮤지엄에는 센터와 각 위성박물관, 그리고 위성박물관 간을 연결하는 탐방로(Discovery Trails)를 구축하는 것이 필요하다. 탐방로는 위성박물관 간 연결이라는 역할 이상의 의미를 가질 수 있는데, 탐방로를 생태적·미적으로 구축함으로써 이것 자체가 지역의 자랑거리가 되고 외부의 관심 대상이 되도록 하는 것이 바람직하다.

탐방로는 지역 여건과 거리에 따라 자동차, 도보, 자전거로 이동 가능한 코스로 꾸밀 수 있다. 즉 자동차 코스, 도보 코스, 자전거 코스 등으로 다양하게 만들 수 있다. 특히 탐방로는 에코뮤지엄의 특징을 살린다는 측면을 고려하여 자연 그대로의 모습을 간직하도록 설계하는 것이 바람직하다.

제3장 국내 보전 관련 정책

에코뮤지엄을 지역 주민의 정체성 확립을 위한 '지역 자원'의 면적 보전 수단 방식으로 본다면, 이와 유사한 정책을 시행하고 있는 중앙 부처로는 농림축산식품부, 환경부, 국토교통부, 문화체육관광부, 문화재청 등이 있다.

본 장에서는 해당 부처의 관련 제도 및 사업을 검토하였다. 이를 위한 분석 틀은 크게 개요와 주요 내용으로 구분하였다. 개요는 근거법·추진 배경 및 목적·추진 연도·추진 현황을 중심으로, 주요 내용은 지정 기준 및 범위·지정 절차·규제 및 지원·주민 참여를 중심으로 분석하였다.[1]

*****

1) 본 장의 정책 및 사업 대부분의 내용은 각 부처별 시행 계획 및 업무 지침 등의 내용 일부를 발췌하여 정리한 것으로, 동 내용의 출처는 표를 제외하고 명기하지 않음을 밝힘.

농림축산식품부

농림축산식품부(이하 농식품부)는 2000년 이후 정책 추진 방식을 하향식에서 상향식으로, 지원 대상을 개인 중심에서 마을·권역 중심으로 변화하였고, 농업·농촌의 다면적 가치를 중시하게 되었다. 이러한 흐름에서 최근까지 일반 농산어촌 지역 해당 시·군을 대상으로 읍(동)면 소재지 종합정비, 마을 권역 단위 종합정비, 신규 마을 조성, 기초생활 인프라 등의 일반 농산어촌 개발사업과 경관보전직불제 등을 통해 농촌 지역 활성화 정책을 추진하였다.

이러한 상황에서 농업유산 제도와 경관보전직불제는 농촌 자원의 가치를 더욱 부각시키기 위해 지역 자원을 발굴·보전하는 것을 원칙으로 하고 있어, 기존의 개발 위주 농촌정책이 점차 보전의 시각으로 변화함을 보여주는 제도라 할 수 있다.

농업유산 제도

농업유산 제도와 관련된 직접적인 근거법은 아직까지 마련되어 있지 않지만 농어업·농어촌 및 식품산업기본법(제45조 전통 농경·어로문화의 계승 등), 농림어업인 삶의 질 향상법(제30조 농어촌 경관의 보전), 농어촌 정비법(제5조 농어촌 경관의 보전 관리) 등에서 농업유산에 관한 사항을 규정하고 있다.

농업유산 제도는 2012년 4월 농촌의 사라져 가는 전통 농업자원을 발굴·보전·전승하기 위해 도입한 제도로서 지역별 브랜드화, 관광자원으로 활용하여 지역경제 활성화 및 국가 이미지 제고를 목적으로 한다. 농업유산 제도를 활성화하기 위해 2013년 다원적 자원활용사업[2]을 추진하여 2015년까지 국가중요농업유산으로 청산도 구들장 논(제1호), 흑룡만리 제주 돌담밭(제2호), 구례 산수유농업(제3호), 담양 대나무밭(제4호), 금산 인삼농업(제5호) 하동 전통차농업(제6호)가 지정되었다.

이러한 농업유산 지정 기준은 다음과 같다. ▶첫째, 농업유산이 차별성, 역사성 등 고유의 특성을 갖추고 있을 것 ▶둘째, 농업유산이 지역적·분야별 대표성이 있을 것 ▶셋째, 국가농업유산 소유자가 있을 경우는 그 소유자와 지역 주민을 대표할 수 있는 단체의 자율적 참여와 동의가 있을 것 ▶넷째, 건전한 미풍양속을 유지할 수 있고, 공공의 이익에 적합할 것.

농업유산 지정 범위는 오랜 기간 환경에 적응하면서 형성·진화해 온 보전·전승할 만한 가치가 있는 전통적 농업활동 시스템과 이의 결과로 나타난 농촌경관 등 모든 산물로 정하고 있다. 구체적인 농업유산 대상은 다음과 같다.

*****

2) 다원적 자원활용사업은 2013~2019년 추진할 예정이며, 지정된 지역은 농업유산 보전·활용을 위한 구체적인 계획을 수립하게 되며, 유산 자원 복원, 주변 환경 정비, 관광자원 활용 등에 필요한 예산도 지원받게 된다(지역당 3년간 15억 원).

[표 1] 농어업유산 대상

분류	내 용
논	• 전통적 농업활동 및 기술과 관련(다랑이 논, 구들장 논, 논둑 등)
밭	• 전통적 농업활동 및 기술과 관련(계단식 밭, 담배 건조장 등) • 특정작물 및 독특한 경작방법과 관련(작목별 시목지 등)
축산	• 전통적 축산활동 및 기술과 관련(방목지, 채초지 등)
임업	• 전통적 임업활동 및 기술과 관련(생산림 등)
어업·어항	• 전통적 어업활동 및 기술과 관련(독살, 염전, 갯벌, 죽방렴 등)
수(水)	• 전통적 농림어업활동을 위한 수자원 관리(둠벙, 저수지, 용배수로 등)
복합	• 서로 다른 요소가 유기적으로 연계된 지역(논과 수원지, 생산지와 마을) • 농업, 임업, 어업, 축산업의 각 경관이 조합을 이룬 경관

* 자료 : 윤원근 외(2014),「농어업유산의 이해」

농업유산 지정 절차를 살펴보면, 농식품부가 지자체로부터 신청을 받아 전문가로 구성된 조사팀과 심의기구에서 이를 조사·심의하여 지정한다. 이렇게 지정된 지역은 규제 중심의 관리가 아닌 지자체와 주민 간 '자율관리협정 체결' 등을 통한 자발적 관리를 수행해야 함을 원칙으로 한다. 농업유산으로 지정되면 다원적 자원활용사업을 통해 국가로부터 국가유산 복원, 주변 정비 및 관광·편의 시설 등을 설치할 수 있도록 예산을 지원받는다.

경관보전직불제

경관보전직불제는 농어업 경영체 육성 및 지원에 관한 법률(제4조 제1항), 삶의 질법(30조), 농어업·농어촌 및 식품산업기본법, 경관법(제4조, 제16조)을 근거법으로 하고 있다.

이러한 경관보전직불제는 농촌 및 준농촌 지역의 경관을 아름답게 가꾸기 위해 마을 주민과 지자체가 협약을 체결하고, 일반 작물 대신 경관 작물을 재배할 경우 소득손실액을 보조금으로 지급하는 제도로, 2005년 시행되었다. 2013년을 기준으로 시행 면적이 총 1만 2,864ha이며 527개 마을과 1만 2,778개 농가가 참여하고 있다.

특히 경관보전직불제는 준농촌 지역을 대상으로 지역 축제 및 체험·관광 등 도농 교류 프로그램과 연계가 가능하면서 경관 작물 식재 면적이 최소 0.5ha 이상 집단화되고 마을 단위 2ha 이상 되어야 지정된다. 지정된 마을은 마을 단위 경관 보전 계획을 수립하고 시장·군수와 협약을 통해 경관 작물을 재배하며, 이를 수행한 농업인 등에게 정부가 보조금을 지원한다. 지원금은 경관 작물 재배와 마을경관 보전 활동비를 별도로 하는데, 경관 작물 재배의 경우는 경관 작물 170만 원/ha, 준경관 작물 100만 원/ha을 지원해 주고, 마을경관 보전 활동비로 협약 면적에 비례하여 15만 원/ha(국고 70%, 지방비 30%)이 지급된다. 단, 마을경관 보전을 위한 기술 지원 등 특별한 경우 외에는 마을 주민의 직접 인건비성 경비는 지원이 금지된다.

경관 작물은 초화류로, 경관 개선 효과가 있는 작물 중 농식품부 장관이 승인하는 작물에 한하며, 마을경관보전추진위원회 구성 및 마을단위 협약 체결을 통해 경관 작물 재배 관리 및 마을 주변 경관 보전 활동을 추진한다.

환경부

환경부는 국가 자연자원의 체계적 보전을 통해 생태계 보전과 국민 삶의 질 향상을 도모하고 장기적 시각에서 체계적인 정책을 수립·추진할 필요성을 제기하면서 1994년부터 '자연환경 보전 기본 계획'을 수립하여 자연환경 보전을 위한 정책을 구현하였다.

최근 주요 정책 방향은 다음과 같다. ▶첫째, 한반도 생태 네트워크 구축·관리 ▶둘째, 환경과 개발의 조화를 위한 국토 관리 체계 구축 ▶셋째, 생물다양성 보전 및 관리 강화 ▶넷째, 생태계와 인간이 어우러지는 한반도 자연환경 조성 ▶다섯째, 자연환경 관리 기반 구축 ▶마지막으로, 자연환경 보전에 관한 협력 체계 강화 등이다.

이 중 특히 개발이나 훼손으로부터 보호하기 위해 지정하는 자연환경 보호 지역은 생물다양성, 특이한 자연자원, 또는 역사·문화자원 등을 보호 대상으로 한다. [표 3]은 자연환경 보호 지역의 종류와 지정 현황을 제3차 국가생물다양성 전략 보도자료에서 발췌하여 정리한 내용이다. 이 중 생태·경관 보전 지역은 지역 자원을 대상으로 면적 보전 방식을 취하고 있는 제도라 할 수 있으며, 그 외 생물다양성 관리계약 지원사업과 자연생태 우수마을 및 자연생태복원 우수마을 사업 등이 이에 해당된다.

[표 2] 환경보전 정책의 패러다임 전환

매체 중심 정책	수용체 중심 정책
보전 위주의 정책	보전과 이용의 조화
규제 위주의 보전	규제·투자 및 지원의 조화
정적·포인트 개념의 보호	동적 네트워크 개념의 보전
다원화된 관리 체계	체계화·정비화된 관리 체계
포괄적·추상적 생태 가치 추정	객관적·과학적 경제성 분석
중앙 정부 중심 관리	지역과 주민, 이해 관계자 참여 관리

* 자료 : 환경부(2014), '제3차 국가생물다양성 전략' 보도자료 일부

[표 3] 환경부 자연환경 보호 지역 지정 주요 현황(2013. 11.)

보호 지역 명칭	지정 근거	지정 현황
자연공원	자연공원법 (환경부 장관, 지자체장)	78개소, 7,908㎢ – 국립(21개소), 도립(29개소), 군립(28개소)
생태·경관 보전 지역	자연환경보전법 (환경부 장관, 지자체장)	32개소, 284㎢ – 환경부(9개소), 시·도(23개소)
습지 보호 지역	습지보전법 (환경부 장관, 해수부장관, 지자체장)	32개소, 374㎢ – 환경부(18개소), 해양수산부(11개소), 시·도(3개소) 람사르습지 18개소, 177㎢
백두대간 보호 지역	백두대간 보호에 관한 법률 (환경부 장관, 산림청장)	6개 도 32개, 시·군 2,634㎢

* 자료 : 환경부(2014), '제3차 국가생물다양성 전략' 보도자료 일부

생태·경관 보전 지역

생태·경관 보전 지역은 1989년 「자연환경보전법(제12조)」을 근거로 하여 자연경관이 수려하여 특별히 보전할 가치가 있다고 판단되는 지역을 대상으로 환경부 장관이 지정한다. 2014년까지 동강 유역(72.84㎢), 왕피천 유역(102.84㎢), 소황사구(0.12㎢), 고산봉 붉은박쥐 서식지(8.78㎢) 등 총 32개소 284㎢(환경부 9개소, 시·도 23개소)가 지정되었다.

생태·경관 보전 지역 지정 기준은 지형·지질이 특이하여 학술적 연구 또는 자연경관 유지를 위해 보전이 필요한 지역, 다양한 생태계를 대표할 수 있는 지역, 또는 생태계 표본 지역 등으로 자연 상태가 원시성을 유지하고 있거나 생물다양성이 풍부하여 보전 및 학술적 연구 가치가 큰 지역을 선정하였다. 이러한 생태·경관 보전 지역은 크게 3개 구역으로 나누어진다.

[표 4] 생태 · 경관 보전 지역 주민 지원(동강 유역 프로그램)

사업명	지원 내용	비 고
동강 생태주택 개량사업	국고 보조 80%, 친환경주택 관련	지식경제부
동강 유역 주민 해외연수	강원도	강원도
친환경 실천농가 지원	친환경농업 직접 지불사업 국고 보조 100%	농식품부
지역 주민 소득증대 방안	마을 주민 공동으로 야생화단지 조성 시 매입 토지 임대 및 종묘 지원(원주청)	환경부
동강 유역 사유지 매입	연차적 매입 전액 국고 보조(100%)	환경부
동강 유역 생태탐방 시설 설치	자연환경 보전·이용 시설 국고 지원(50%)	환경부
동강 관련 정보공개창구 개설	원주청	환경부
동강 유역 래프팅 사업	동강 유역 4개 구간 래프팅 허용	환경부
동강 유역 생활하수사업 추진	환경 기초시설(하수처리장, 하수관거) 국고 지원(70%)	환경부, 농식품부

* 자료 : 환경부(2009), 「생태·경관 보전 지역 업무 지침」

- 생태·경관 핵심 보전 구역(핵심 구역) : 생태계 구조와 기능의 훼손 방지를 위하여 특별한 보호가 필요하거나 자연경관이 수려하여 특별히 보호하고자 하는 지역
- 생태·경관 완충 보전 구역(완충 구역) : 핵심 구역 연접 지역으로서 핵심 구역 보호를 위해 필요한 지역
- 생태·경관 전이(轉移) 보전 구역(전이 구역) : 핵심 구역 또는 완충 구역에 둘러싸인 취락 지역으로서 지속 가능한 보전과 이용을 위해 필요한 지역

생태·경관 보전 지역으로 지정되면 제한 및 금지 행위 등을 통해 규제가 이루어지고 이를 어길 시 과태료를 부과하는 반면, 토지 매수·주민 지원 및 손실 보상 등의 지원 또한 이루어진다. 아울러 해당 시장·군수는 규제와 지원을 받는 주민을 대상으로 '공청회 또는 개별 통지 방법'을 통해 의견을 수렴해야 한다.[3)]

'생물다양성 관리계약' 지원사업

'생물다양성 관리계약' 지원사업은 「자연환경보전법(제37조)」을 근거로 멸종 위기 야생 동식물, 생물다양성 증진 및 생물다양성이 독특하거나 우

*****

3) 규제 내용은 다음과 같다. ▶야생 동식물을 포획·채취·이식·훼손하거나 고사시키는 행위, 또는 포획하거나 고사시키기 위해 화약류·덫·올무·그물·함정을 설치하거나 유독물·농약 등을 살포 또는 주입하는 행위, ▶하천·호소 등의 구조를 변경하거나 수위 또는 수량에 증감을 가져오는 행위, ▶토석 채취, 수면 매립, 불을 놓는 행위 등은 할 수 없다. 지원 내용은 ▶생태계 보전을 위해 필요한 경우 토지 등을 그 소유자와 협의 매수, ▶수질에 영향을 미칠 수 있는 지역의 오수 또는 분뇨 처리 시설 설치 지원, ▶생태·경관 보전 지역 주민이 당해 지역 우선적 이용 등이다.

수한 지역 등을 보전하기 위해 환경부 장관이 관계 중앙 행정기관의 장 또는 지방자치단체의 장에게 계약의 체결을 권고할 수 있다.[4]

이러한 생물다양성 관리계약 지원사업은 1997년 8월 자연환경보전법 개정으로 생물다양성 관리계약 제도가 신설되면서 생태계 보전 지역의 지정 등 행위 규제의 직접 규제 방식에서 지역 주민 참여에 따른 경제적 인센티브 제공 방식으로 전환한 사업이라 할 수 있다. 2002년을 시작으로 창원시(주남저수지), 군산시(금강호), 해남군(영암호, 천암호, 금호호) 등의 3개 시·군에서 철새도래지 대상 시범사업을 실시하였으며, 2010년에는 20개 시·군 철새도래지 등으로 확대되었다.

생물다양성 관리계약 지원사업 선정 기준은 다음과 같다. ▶첫째, 철새 인증 지역 등 철새의 주요 서식지 및 철새의 먹이 제공 효과가 큰 벼농사 지역 ▶둘째, 계약 면적은 철새의 개체 수 및 '생물다양성 관리계약사업 추진협의회' 현지 조사 결과에 따라 결정 ▶셋째, 차량 또는 사람의 출입이 빈번한 도로변, 주택 부근 등 철새 서식 환경에 방해 요인으로 작용하는 지역은 대상 지역에서 가능한 한 배제 ▶넷째, 해당 지역의 결빙 기간 등을 고려하여 기존의 벼 미수확 존치 사업면적 축소 조정 등을 통해 사업 효과의 적절한 평가가 가능한 면적 ▶다섯째, 가능한 볏짚 존치 사업을 우선 선정 대상으로 한다.

이렇게 선정된 지역은 경작 관리계약과 보호활동 관리계약으로 구분되는데, '경작 관리계약'은 사업 대상 농경지에 지역 주민이 보리(겉보리, 쌀보리, 맥주보리 등) 등을 계약 경작해야 하며, '보호활동 관리계약'은 철새의 먹이 제공을 위한 농작물(벼) 미수확 존치, 볏짚 존치, 쉼터 조성 관리 등 지역

*****

4) 토지·공유수면 소유자 또는 관리인과 경작 방식 변경, 화학물질 사용 감소, 습지 조성, 그 밖에 토지 또는 공유수면 관리 방법 등을 내용으로 하는 생물다양성 관리계약을 체결한다.

주민의 생태계 보전 활동을 지원해 준다.

자연생태 우수마을 및 자연생태복원 우수마을 사업(종료)

자연생태 우수마을 및 자연생태복원 우수마을 사업은 「자연환경보전법(제42조 및 동법 시행 규칙 제26조)」을 근거법으로 지역 주민의 자연환경 보전 의식을 함양하고 자연자산을 자율적으로 보전·관리해 나가기 위해 우수마을을 선정한 것이다. 이 사업은 2001~2010년 시행되었으며, 총 100개 마을이 지정되었다. 자연생태 우수마을 및 자연생태복원 우수마을로 선정되기 위해서는 ▶첫째, 자연환경 및 경관 등이 잘 보전되어 있는 마을이나 주민들의 노력으로 자연환경 및 경관 등이 잘 조성된 마을 ▶둘째, 자연형 하천 조성, 녹화, 생태연못, 생태공원 등 오염된 지역이나 생태계가 훼손된 지역을 지역 주민의 노력으로 복원하여 그 복원 효과가 우수한 마을이어야 한다.

자연생태 우수마을 및 자연생태복원 우수마을 사업은 규제보다는 지원에 초점이 맞춰져 있다. 특히 자연환경 보전·이용 시설, 환경 기초 시설 설치 등 국고 보조사업 추진 시 또는 환경 관련 분야 포상 시 우선 지원 대상에 해당한다. 구체적인 지원 내용은 다음과 같다. 자연생태학습장과 생태연못 조성, 돌담 복원 등 마을별 사업계획을 제출받아 종합심사를 거친 후, 선정된 1개 마을에 대해 3,000만 원의 보조금을 지급한다. 생태마을 지정 사항에 대해 환경부(환경청) 홈페이지에 게재되며, 지정 기한(3년)이 도래한 마을은 재신청토록 하여 지역 주민의 지속적인 참여를 유도한다. 단, 재신청하지 않을 경우 자동으로 지정이 만료된다.

국토교통부

국토교통부의 자원에 대한 면적 보전 수단으로는 「국토의 계획 및 이용에 관한 법률」(이하 '국계법')을 근거로 하는 미관지구, 보존지구 등이 있다. 또한 기존 정책이 건축을 도시의 물리적 행위로 다루어 왔다면, 2007년 제정된 「건축기본법」은 건축문화 진흥을 주요 목적으로 건축을 '문화'로 인식하는 패러다임의 전환을 보여 주고 있다. 이는 '건축'을 건축물이 이루는 공간 구조·공공 공간 및 경관 등의 공간환경을 포함하는 것으로, 그 범위를 확대하고 있는 것이다. 이와 더불어 최근에는 지역의 고유한 문화적 가치를 보유한 건축자산 활용을 통해 도시경쟁력을 확보하고자 하는 움직임을 보이고 있다(심경미, 2014).

역사문화 미관지구

역사문화 미관지구는 「국계법」 제37조를 근거법으로 하고 있으면서 문화재와 문화적으로 보존 가치가 큰 건축물 등의 미관을 유지·관리하기 위해 주로 사적지 및 전통 건축물 등의 미관 유지를 목적으로 한다. 현재까지 서울특별시 북촌과 남산 일대, 부산 대연지구 등 주로 근대 이전의 역사문화자원을 중심으로 지정되고 있다. 지정 시 「국계법」에 따른 각 시·도 도시계획 조례상에 개별 건축물을 대상으로 용도 제한, 건축물 높이, 건축선 후퇴 부분 등 최소 규제 위주로 관리되고 있으며,[5] 지구 내 건축물 신축·증축·개축 시 건축물의 미관 사항에 관해 각 자치구 건축위원회의 심의를 거쳐야 한다. 하지만 아직까지 규제로써 관리하는 지구이기 때문에 구체적인 실행 방안은 마련되어 있지 않다.

역사문화환경 보존지구(기 문화자원 보존지구)

역사문화환경 보존지구 역시 「국계법」을 근거로 문화재, 전통 사찰 등 역사·문화적으로 보존 가치가 큰 시설 및 지역의 보호와 보존을 위해 문화재를 직접 관리·보호하기 위한 건축물과 시설물 이외에는 모든 건축 행위를 제한하며, 이것 역시 주로 근대 이전의 사적지와 전통 건축물을 기준으로 지정한다. 특히 도시 지역에 존재하는 모든 지정문화재는 문화재 자체와 그의 보호물, 보호 구역만을 보존지구로 지정하며 이는 역사문화환경 보존지구, 중요 시설물 보존지구, 생태계 보존지구 등으로 구분한다.

규제 내용을 살펴보면 역사문화환경 보존지구 안에서 「문화재보호법」

*****

5) 건축물 높이는 기본적으로 4층 이하로 제한하고 일부 6층 이하로 완화하여 적용할 수 있으며, 건축선 후퇴 부분에 있어서는 공작물·담장·계단·주차장·화단·영업 등과 관련된 시설물을 설치해서는 안 된다. 또한 건축선 전면부에는 도시 미관을 저해하는 차면시설, 세탁물 건조대, 장독대, 철조망, 굴뚝, 환기시설, 건축물 외부에 노출된 계단 등을 설치해서는 안 된다.

의 적용을 받는 문화재를 직접 관리·보호하기 위한 건축물과 시설 이외에는 건축하거나 설치할 수 없도록 건축 제한을 하고 있다. 다만 시장 또는 구청장이 그 문화재의 보존상 지장이 없다고 인정하여 문화재청장과 협의를 거친 경우는 제외한다. 역사문화환경 보존지구 역시 규제로써 관리하는 지구이므로 실행을 위한 방안은 마련되어 있지 않다.

건축자산진흥구역 제도[6)]

건축자산진흥구역 제도는 우수 건축자산 주변 지역 또는 건축자산이 밀집해 있는 지역의 종합적인 관리와 경관적 특성을 보전하기 위한 면 단위 관리 체계로, 「한옥 등 건축자산 진흥에 관한 법률」을 토대로 시행(2015년 6월)되었다. 이 법은 최근 지역 특성화와 도시 재생 수단으로서 건축문화자산의 중요성이 인식되면서 이를 제도적으로 지원하기 위해 마련된 것이다. 「한옥 등 건축자산진흥에 관한 법률」이 기존 문화재보호법과 구별되는 가장 큰 차이는 '규제법'이 아니라 '지원법'이라는 데 있으며, 또한 기존에 지자체에서 제정·운영하고 있는 「한옥 지원 조례 및 근대건조물 지원 조례」 같은 기존 건축문화자산 관련 지원 조례의 상위 근거법의 성격을 가진다는 점이다.

이 중에서 특정 건축자산의 점적 관리뿐만 아니라 건축자산 밀집 지역의 경관 관리를 위해 면적 관리를 건축자산진흥구역 제도를 통해 마련토록 하고 있다. 이 제도는 비문화재로서 건축자산의 개별 가치는 크지 않더라도 군집됨으로써 가지는 역사·경관적 가치가 크다는 점에서 마련되었다

*****

6) 심경미(2014), 「지역의 건축문화자산을 활용한 도시 재생 의의와 지원 제도」의 일부 내용 발췌

고 볼 수 있다.

건축자산진흥구역은 우수 건축자산을 중심으로 지역의 고유한 도시 관리가 필요한 지역(인천 내항 등), 지역의 역사·문화에 기반을 두어 조성한 독특한 가로나 필지 등 도시 조직과 그것이 이루는 경관의 관리가 필요한 지역(종로 피맛길, 명동 등), 개별 건축물의 역사적·예술적 가치는 낮더라도 건축자산이 밀집되어 독특한 지역경관을 형성하는 지역(부산 감천문화마을, 인천 괭이부리마을, 서울 서촌한옥마을·장수마을 등) 등이 그 대상이 될 수 있다.

이러한 건축자산진흥구역은 관리 계획 수립을 통해 체계적인 관리를 전제로 구역 내 기반 시설 정비 및 건축물 보수 비용 등을 지원받을 수 있으며, 이때 일반 건축물에 대한 관리 계획은 법적 구속력이 없다. 하지만 보다 체계적인 관리를 위해, 지구단위 계획을 수립할 때 일반 건축물에 대해서도 신축 및 개·보수 비용에 대한 지원과 건축법 등의 특례 적용이 가능하도록 한다고 명기하고 있는데, 이는 지구단위 계획이 수립될 경우 건축자산 밀집에 따른 경관적 특성을 유지하기 위해서는 건축자산 주변 일반 건축물들의 관리와 협조가 필수적이기 때문이다. 즉, 지구단위 계획이 수립될 경우 수반되는 관리·규제 사항에 대한 인센티브 개념이라 할 수 있다.

또한 지역 주민·시민단체·전문가 등으로 구성된 협의체 설치 시 협의체 운영에 필요한 사항에 대한 지원 규정이 마련되었다.

문화체육관광부

문화체육관광부는 최근 관광 4.0시대(융합시대)를 맞아 다양한 분야와의 접목을 강조하면서 융합발전 패러다임으로 전환하고 있으며, 이에 따라 관광정책의 영역과 범위가 확대되고 있는 추세다. 특히 관광을 위한 문화예술자원의 범위가 확대되면서 유·무형의 다양한 문화예술자원이 집적된 지역을 문화지구로 지정하여 면적 보전 수단으로 계획적으로 관리하고 있으며, 2009년까지 마을의 문화와 역사적인 소재를 발굴·육성하기 위해 문화·역사마을 가꾸기 사업(종료)을 추진하였다.

문화지구 제도[7)]

문화지구 제도는「문화예술진흥법」,「국계법」,「각 지자체의 도시계획 조

*****

7) 경기개발연구원(2013),「파주 헤이리 문화지구 운영 성과 및 발전 방안」의 일부 내용 발췌

례」를 근거로 한다. 시장경제의 한계로 인한 문화예술자원의 특성 및 경쟁력 상실, 기존 도시계획 제도의 한계성, 지역문화예술자원 보호·관리의 필요성, 문화산업 및 지역경제 활성화 도모 등을 이유로 문화예술을 진흥하고 문화공간을 확충하고자 한다. 이를 위해 문화지구 내 문화 시설 및 문화업종 등의 보존·육성을 통해 문화자원의 관리·보호와 문화환경을 계획적으로 조성하는 것을 목적으로 한다.

이러한 문화지구 제도를 통해 2002년 인사동을 시작으로 현재까지 대학로, 파주 헤이리, 인천 개항장, 제주 저지문화예술인마을까지 총 5개 지역이 지정되었다.

문화지구 지정 기준을 살펴보면 ▶첫째, 문화 시설과 민속공예품점, 골동품점 등의 영업 시설이 밀집돼 있거나 이를 계획적으로 조성하려는 지역 ▶둘째, 문화예술행사·축제 등 문화예술활동이 지속적으로 이루어지는 지역 ▶셋째, 해당 시·도지사가 국민의 문화적 삶의 질을 향상시키기 위해 특히 필요하다고 인정하는 지역 등이 해당된다.

문화지구로 지정되면 관할 단체장은 1년 이내에 문화지구 관리계획을 수립하여 승인받아야 하고, 3년마다 평가하여 문화체육관광부 장관에게

[표 5] 문화지구 제도의 목적 및 기대 효과

세부 목적	기대 효과
문화예술 보존 및 육성	• (물리적, 공간적 인프라를 조성함으로써)보존·육성하고자 하는 특정 분야 문화예술 특성의 체계적 보존 및 발전
공동협력체계 구축	• 밀집한 관련 업종 및 시설들 간 공동협력체계를 구축함으로써 집적의 경제성(저비용, 고효율)을 달성하고 보다 다양한 프로그램 기획
지역경제 활성화	• 지역의 정체성 및 이미지 형성에 기여, 장소 마케팅 요소로 활용 • 관광객 증가로 관광자원으로서의 가치 증대 • 지역 주민 소득 향상, 지역에 대한 투자 촉진으로 지역경제 활성화

* 자료 : 경기개발연구원(2013), 「파주 헤이리 문화지구 운영 성과 및 발전 방안」

보고해야 한다.

문화지구 관리·운영을 위해 권장 용도와 불허 용도를 제한하는데, 권장 용도에 대해서는 재정 및 행정 지원 등의 혜택이 있다. 물론 시·도 조례에 따라 이 같은 지원이 다르긴 하지만 기본적으로 문화지구로 지정되면 문화지구 내 각종 문화 시설 및 업종(권장 시설)은 조세 감면, 융자금 지원 및 행정적 지원 등을 받는다. 구체적인 지원 내용은 다음과 같다.

- 취득세, 등록세, 재산세, 도시계획세 등 50% 감면
- 건물 소유자에게 5,000만 원 한도 내에서 권장 시설 신·개축 또는 대수선비 융자
- 권장 시설을 운영하는 자에 대해 각각 5,000만 원 한도 내에서 시설비 및 운영비 융자

개발연구원(2013)에 따르면, 지금까지의 조세 및 부담금 감면 실적은 2010~2012년 3년간 총 조세 감면 금액이 6억 3,980만 4,000원이고, 융자금 운영 상황 및 시·군 기금 운용 관리 실태는 2010~2012년 3년간 권장 시설 융자금 지원 총 10건 1,095만 원으로, 매년 융자 지원 승인 건수가 꾸준히 상승하고 있으나 아직까지 승인율이 높지는 않은 편이라 할 수 있다.

문화 · 역사마을 가꾸기 사업(종료)

문화·역사마을 가꾸기 사업은 「관광진흥개발기금법(제5조)」을 근거로 한다. 이 사업은 지역 주민의 자발적 참여를 통해 마을의 문화·역사적 소재를 발굴·육성하여 관광자원화함으로써 문화와 환경이 조화된 자생력 있

는 마을을 조성하고자 2004~2009년 마을당 2년을 주기로 시행하였다.

이러한 문화·역사마을 가꾸기 사업은 중앙 부처에서 사업 추진 방향을 설정하고 예산을 확보하여 전국문화원연합회에 배당한 후, 전국문화원연합회가 세부 사업 계획을 수립하여 각 지방 문화원에 시달하게 된다. 또한 지역별 핵심 자원에 맞는 전문위원을 구성하여 운영하였으며, 특히 지역별로 지방자치단체·지방 문화원·마을 주민·민간 전문가로 구성된 지역별 추진위원회가 실질적인 사업 운영을 책임지고 진행하는 방식으로 운영하였다.

매년 전국 9개 마을(각 도별 1개 마을)을 선정하여 총 255억 원(관광진흥개발기금 170억 원, 지방비 85억 원)을 지원하였는데, 마을당 30억 원(관광진흥개발기금 20억 원, 지방비 10억 원)을 지원해 주고, 선정된 마을은 마을 발전 전략 수립, 경관 개선, 상징물 설치, 관광상품 개발, 마을 역사체험 및 운영 프로그램 개발, 전문가 컨설팅 지원 등으로 지출하였다. 이렇듯 주요 사업 내용은 물량 위주의 건축이나 마을 정비사업보다는 장기적 마을 발전 전략 수립을 기본으로 유교, 돌담, 잠녀(해녀), 전통술, 전통놀이 등 전통, 생태, 유·무형 문화자원 등에 초점을 두었다고 할 수 있다.

문화재청

문화재청은 지속적 문화유산 보존 개선책을 시행하고 있으나, 최근 들어 문화재 보존과 개발 갈등이 상존, 문화재 특성별 관리 체계 개선의 필요성에 대한 요구가 증가함을 인식하고, 현상 유지 중심의 문화재 보존방식 패러다임 전환 및 유형별 항구적 문화재 보존 체계 강화를 추진하려는 움직임을 보이고 있다. 이러한 변화의 흐름에서 문화재청은 역사·문화자원의 원형 보존을 목적으로 하는 「문화재보호법」을 근거로 하여 역사문화환경 보존 지역, 집단민속문화재 구역 등을 면적 보전 수단으로 활용하고 있다.

역사문화환경 보존 지역[8)]

역사문화환경 보존 지역은 「문화재보호법(제2조 제6항)」과 「해당 지자체 조례」를 근거로 한다. 여기서 말하는 '역사문화환경'이란, 문화재 주변

*****

8) 양초원(2013), 「역사문화경관 관련 지구의 통합적 관리를 위한 지구적 관점에서의 개선 방안 연구」의 일부를 발췌하여 작성

의 자연경관이나 역사적·문화적 가치가 뛰어난 공간으로서 문화재와 함께 보호할 필요성이 있는 주변 환경을 말하고, 역사문화환경 보존 지역은 지정문화재(국가 및 시·도지정문화재. 동산, 무형문화재는 제외)의 '역사문화환경' 보호를 위해 시·도지사가 문화재청장과 조례(각 시·도별 문화재 보호조례)로 정하는 지역으로, 기존 현상 변경 허용 구역의 한계를 극복하기 위해 2010년부터 도입한 제도다.

역사문화환경 보존 지역의 역사문화자원은 근대 이전뿐만 아니라 근대에 형성된 것도 그 가치가 인정되면 지정할 수 있다. 문화재청장 또는 시·도지사가 문화재를 지정하면 그 지정 고시일부터 6개월 안에 문화재위원회 심의를 통해 역사문화환경 보존 지역에서 지정문화재 보존에 영향을 미칠 우려가 있는 행위에 관한 구체적인 행위 기준을 정하여 고시해야 한다.

역사문화환경 보존 지역 내에서는 「문화재보호법」 제13조 제4항 규정에 따라 '현상 변경 허용 기준'이 적용되어 주변 환경으로부터 문화재 왜소화 현상을 방지하고 있고, 보존 지역 범위는 해당 지정문화재의 역사적·예술적·학문적·경관적 가치와 그 주변 환경 및 그 밖에 문화재 보호에 필요한 사항 등을 고려하여 그 외곽 경계로부터 500m 안으로 한다. 다만 문화재의 특성 및 입지 여건 등으로 인해 지정문화재 외곽 경계로부터 500m 밖에서 건설공사를 하는 경우 해당 공사가 문화재에 영향을 미칠 것이 확실하다고 인정되면 500m를 초과하여 범위를 정할 수 있다.

이러한 현상 변경 허용 기준은 주변 환경을 문화재로부터의 거리에 따라 구역을 나누고 건물 높이 등을 제한하는 것으로, 역사문화환경 보존 지역이 지정되면 규제 구역을 1~8구역까지 세분하여 구역마다 현상 변경 허용 기준을 달리 적용한다. 단, 구역 구분은 문화재 주변의 보존 필요성, 주변의 개발 정도, 기존 건물의 높이, 토지이용 현황, 삼림, 수계 지형 등을 고려하여 이루어진다.

[표 6] 역사문화환경 보존 지역 지정 범위

분 류	지정 범위 기준	지정 범위
국가지정 문화재	주거·상업·공업 지역	200m 이내 (200~500m : 10층 이상 건축물)
	녹지·관리·농림·자연환경 보전 지역	500m 이내
시·도지정 문화재	주거·상업·공업 지역	200m 이내 (200~300m : 10층 이상 건축물)
	녹지·관리·농림·자연환경 보전 지역	300m 이내
서울특별시	국가지정문화재	100m 이내
	시·도지정문화재	50m 이내

* 자료 : 양초원(2013),「역사문화경관 관련 지구의 통합적 관리를 위한 지구적 관점에서의 개선 방안 연구」

[표 7] 현상 변경 허용 기준 내용

구 분	내 용
건축물 또는 시설물의 외관	건축물 또는 시설물의 용도, 규모, 높이, 모양, 재질, 색상 등이 문화재와 조화되는지 여부
주변과의 조화	문화재 주변의 경관 및 조망의 훼손 여부
유해물질 발생 유무	시공 중 또는 완성 후 사용 중에 문화재 보존에 영향을 미칠 수 있는 소음·진동 등을 유발하거나 오·폐수, 유해 가스, 화학물질, 먼지 또는 열을 방출할 우려가 있는지 여부
굴착 행위	문화재 보존에 영향을 미칠 수 있는 지하 50m 이상의 굴착 행위 수반 여부
수질 변화	수계·수량 변경 또는 수질오염 여부
역사·문화·자연환경 저해 여부	고도경관 또는 역사·문화·자연환경 저해 여부
매장문화재 포장 여부	매장문화재 포장 여부

* 자료 : 양초원(2013),「역사문화경관 관련 지구의 통합적 관리를 위한 지구적 관점에서의 개선 방안 연구」

이처럼 역사문화환경 보존 지역은 「문화재보호법」에서는 역사문화환경 보존 지역에서 시행하는 건설공사에 대한 인·허가 시 역사문화환경 보호를 위해 일정한 제한을 할 수 있도록 규정하고 있을 뿐, 해당 지역 내 일반 건축물 소유자 등을 지원해 줄 만한 근거 규정은 마련돼 있지 않다. 단, 소유 건물이 보존 지역에 위치함으로써 건축 행위가 제한되고 경제적 손실을 입고 있는 주민에 한해 주거환경 개선 차원에서 그 건물의 수리 또는 리모델링 비용을 일부 지원해 주는데, 이는 해당 지자체 조례에 따른 주민복지 관련 사업에 해당할 여지가 있다.

집단민속문화재 구역

집단민속문화재 구역은 「문화재보호법」을 근거로 중요민속문화재가 일정 구역에 집단적으로 소재한 경우 보호하기 위한 제도이며, 현재까지 경주 양동마을·성읍 민속마을·성주 한개마을·고성 왕고마을·아산 외암마을 등 전통적 형태를 보존하고 있는 민속마을 단위임을 알 수 있다.

집단민속문화재 구역은 민속문화재 중 문화재위원회 심의를 거쳐 중요하다고 판단되면 지정되는데, 특히 국가지정문화인 중요민속문화재가 일정 구역에 집단적으로 소재한 경우 민속문화재의 개별적 지정을 대신하여 구역을 지정하기도 한다. 자세한 지정 기준은 다음과 같다.

- 한국의 전통적 생활양식이 보존된 곳
- 고유 민속행사가 거행되던 곳으로 민속적 풍경이 보존된 곳
- 한국 건축사 연구에 중요한 자료를 제공하는 민가군이 있는 곳
- 한국의 전통적 전원생활의 면모를 간직하고 있는 곳

- 역사적 사실 또는 전설·설화와 관련 있는 곳
- 옛 성터의 모습이 보존되어 고풍이 현저한 곳

집단민속문화재 구역 내 중요민속문화재로 지정된 문화재의 주변 환경은 역사문화환경 보존 지역으로서 현상 변경 허용 기준에 따른 규제를 받는다. 규제 내용은 용도·규모·높이·모양·재질·색상의 조화 여부, 문화재 주변의 경관 및 조망의 훼손 여부, 유해물질 발생 유무, 굴착 행위 여부, 역사·문화·자연환경 저해 여부, 매장문화재 포장 여부 등을 포함한다. 이처럼 집단민속문화재 구역으로 설정된 민속마을은 문화재로서 「문화재보호법(시행령 제20조)」에 따라 종합정비계획이 마련되어 관리된다.

집단민속문화재 구역으로 지정된다는 것은 중요민속문화재로의 지정을 의미하므로 문화재 보수·정비는 「문화재보호법(제51조)」에 따라 국가의 보조금 지원으로 이루어진다. 예를 들어 양동마을의 경우 지정 초기인

[표 8] 양동마을 종합정비계획 기본 방향

구 분	내 용
가옥 정비	원형이 훼손되었거나 완전히 개조된 가옥에 대한 보수·정비 사업으로, 가옥 내부 및 외부 보수·담장 및 석축 보수·초가 이어잇기·화장실 수세식 정비
환경 정비	기존 도로의 정비 및 포장, 배수로 정비, 하천의 석축과 바닥, 교량 정비, 마을 전체 조경사업, 사적 탐방로 개설
기반 시설	마을의 대다수 가옥이 목조이기 때문에 소화 시설 필수, 급수·오수관, 배·오수관, 전기, 통신, 전화, 가스 시설 등 설치
마을 공동 시설	마을경관과 편의를 위해 농기계 보관소를 마을 공동 시설로 건립, 물레방아와 연자방아, 연못 등 설치
전시 교육 및 관광 편익 시설	관람객 편의 시설로 주차장, 화장실, 정보 센터, 휴게소, 음수대 등을 마을경관과 주민들의 생활 저해 방지를 위해 마을 바깥쪽 어귀에 설치

* 자료 : 경주시(2002), 「양동민속마을 종합정비계획 보고서」

1990년대에는 1년에 1억~2억 원 정도 지원되었으나 해마다 지원금이 늘어나 2010년 세계유산으로 등재된 후로는 20억~30억 원 규모의 예산이 책정되어 마을을 보수·정비하는 사업이 시행되고 있다(양초원, 2013).

이상과 같이 각 부처별 지역 자원의 면적 보전 수단과 관련된 제도 및 사업을 검토한 내용이 [표 9]에 정리되어 있다.

[표 9] 부처별 유사 제도 검토(계속)

부처	명칭	근거 법령	주요 내용					
			목적	지정 대상	지정 범위	규제	지원	주민 참여
농식품부	농업유산 제도	–	보존 활용	농어업	개별	–	지역당 15억 원 (3년간)	○
	경관보존 직불제	–	활용	작물	마을	–	재배와 활동비를 ha당 기준을 설정하여 지급	○
	다원적 자원 활용사업	–	보존 활용	국가 농업유산	지역	–	개소당 15억 원(3년간)	○
환경부	생태·경관 보전 지역	자연환경 보전법	보존	자연	지역 (다양)	행위 제한	토지 매수, 손실 보상	–
	생물다양성 관리계약 지원사업		보존	철새 도래지	개별	–	계약 지역 ha당 기준을 설정하여 지급	○
	자연생태 우수마을 사업 (종료)		활용	자연자원	마을	–	국고보조사업 시 우선 지원, 홍보	○

<table>
<tr><th rowspan="2">부처</th><th rowspan="2">명칭</th><th rowspan="2">근거
법령</th><th colspan="6">주요 내용</th></tr>
<tr><th>목적</th><th>지정
대상</th><th>지정
범위</th><th>규제</th><th>지원</th><th>주민
참여</th></tr>
<tr><td rowspan="2">국토부</td><td>역사문화
미관지구</td><td rowspan="2">국토계획
및 이용
에 관한
법률</td><td>보존</td><td>문화재</td><td>지구</td><td>용도,
건축
제한</td><td>–</td><td>–</td></tr>
<tr><td>역사문화환
경 보존 지구</td><td>보존</td><td>문화재</td><td>지구</td><td>건축
제한</td><td>–</td><td>–</td></tr>
<tr><td rowspan="3">문체부</td><td>문화지구</td><td>문화예술
진흥법</td><td>보존
활용</td><td>문화집단
시설</td><td>지구</td><td>설치
제한</td><td>조세 감면,
융자금 등</td><td>–</td></tr>
<tr><td>건축자산
진흥구역</td><td>한옥 등
건축자산
진흥법</td><td>보존
활용</td><td>한옥 등
건축</td><td>구역
마을</td><td>건축
제한</td><td>건축물 보수
비용 등</td><td>○</td></tr>
<tr><td>문화·역사
마을 가꾸기
사업(종료)</td><td>관광진흥
개발기금
법</td><td>활용</td><td>역사·문화
자원</td><td>마을</td><td>–</td><td>30억 원</td><td>○</td></tr>
<tr><td rowspan="2">문화
재청</td><td>역사문화환
경 보존 지역</td><td rowspan="2">문화재
보호법</td><td>보존</td><td>문화재
주변</td><td>지역</td><td>행위
제한</td><td>건물
수리비 등
(지자체)</td><td>–</td></tr>
<tr><td>집단민속
문화재 구역</td><td>보존</td><td>문화재</td><td>마을</td><td>행위
제한</td><td>보수·정비
비용 등</td><td>–</td></tr>
</table>

에코뮤지엄의 정책적 도입 과제

앞서 에코뮤지엄과 유사한 면적 보전과 관련된 제도 및 사업을 살펴보았다. 여기서는 각 부처별 면적 보전과 관련된 정책의 한계점을 고찰하여 에코뮤지엄 도입의 타당성을 밝히고자 한다.

농식품부는 농업유산 제도와 경관보전직불제를 통해 농촌 지역의 자원을 면적으로 보전하려고 노력하고 있으나 이에 대한 직접적인 근거법이 마련되어 있지 않다. 반면 규제 중심의 관리가 아닌 지자체와 주민 간 자발적 관리를 지향점으로 두고 지원에 중점을 두고 있어 타 부처와 차별된다. 특히 농업유산 제도의 경우 유산 지정 대상 및 범위에 있어 경관뿐만 아니라 전통적 농업활동, 이의 결과로 나타난 토지이용 시스템과 생물다양성 등 유·무형 자원을 모두 포함한다는 점에서 특이하다고 할 수 있다. 하지만 개별 가치는 크지 않지만 지역의 독특한 성격을 나타내는 자원과 그 자원들을 연결하는 방식의 면적 관리 체계는 아직까지 미흡한 실정이다.

환경부는 생태·경관 보전 지역 지정을 통해 자연환경을 현 상태 그대로 보전함을 원칙으로 하고 있기 때문에 제한 및 금지 행위 등의 규제를 하는 동시에 생물다양성 관리계약 지원사업을 통해 지역 주민에게 인센티브를 제공하고 있다. 이처럼 규제와 지원을 통해 생태계를 보전하기 위해 노력은 하고 있으나 실질적으로 규제의 성격이 강해 이들과 함께 살아가고 있는 주민들의 자발적이고 적극적인 참여를 유도하는 것은 어려운 실정이다.

국토부는 「국계법」 등에 근거하여 지정하는 용도 지구를 역사문화자원의 면적 보전 수단으로 활용하고 있다. 하지만 이러한 용도 지구는 근본적으로 역사문화유산의 가치를 정의하고 보전과 관리에 관한 사항을 규정하기보다는 새로운 개발 행위를 규제하고 제어하기 위한 목적으로 만들어져 규제 위주의 관리를 하고 있다고 보아야 한다. 또한 지정 대상이 도시 지역에 위치한 문화재와 문화적으로 보존 가치가 큰 시설에 집중된다는 것도 명확한 한계로 보인다. 물론 최근에 지역 특성화와 도시 재생 수단으로 한옥 등 건축문화자산이 멸실되지 않도록 하기 위해 근거법을 마련하면서 자원의 가치와 대상을 확대하는 변화의 움직임을 보이고 있음에 주목할 필요가 있다.

문체부는 문화지구 제도를 면적 보전 수단으로 활용하고 있는데, 이 제도는 지구단위 계획의 규제적 기능과 문화자원의 보호·육성에 대한 지원이 상보적으로 이루어진다고 할 수 있으나 아직까지는 인사동, 대학로, 파주 헤이리 등 주로 도시 지역을 중심으로 지정되고 있다.

문화재청은 역사·문화자원의 원형 보존을 목적으로 하는 「문화재보호법」을 근거로 하여 역사문화환경 보존 지역, 집단민속문화재 구역 등을 면적 보전 수단으로 활용해 관리하고 있다. 하지만 대부분 지정문화재를 중심으로 지정하고 있어 농촌 지역의 다수 자원을 포함하지 못할 뿐만 아니라, 아직까지 규제 중심의 관리 체계에서 벗어나지 못하고 있어 해당 주민들의 일상생활 및 활동과 관련성을 맺지 못하는 경우가 발생하고 있다.

이와 같이 각 부처별로 지역 자원을 보호하기 위한 제도를 운용하고 있

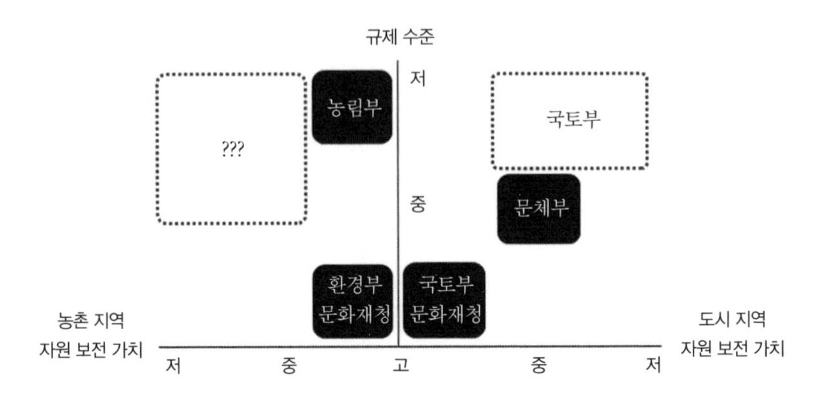

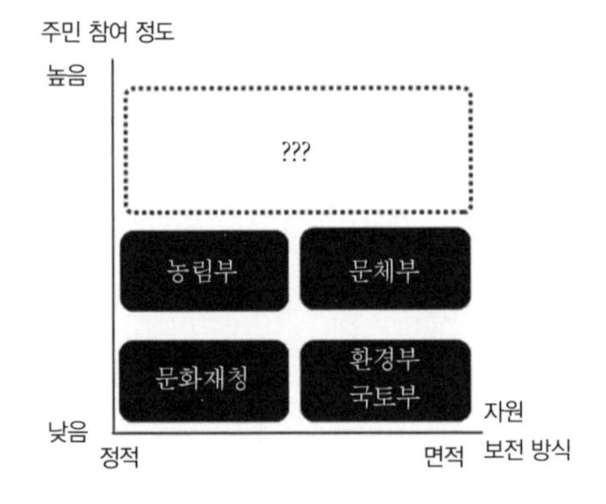

[그림 1] 부처별 지역 자원 면적 보전 방식

으나 부처별 필요성에 따라 부분적으로 접근하고 있어 농어촌에 산재해 있는 다수의 유·무형 자원을 포함하고 있지 않으며, 이를 통합적으로 관리하는 체계가 미흡함을 알 수 있다.

최근 들어 세계적으로 유산의 개념과 보전 대상이 '개체'로부터 '환경'으로 확장되고, 문화적·예술적 가치가 탁월한 고급문화재로부터 마을이나 지역까지 확대되며, 보전의 범위 또한 마을이나 지역 전체를 통째로 보전한다는 면적 보전원칙이 강조되고 있다(정석, 2009). 특히 농촌은 원형을 최대한 보존해야 하는 문화재와 자연환경뿐만 아니라 유산으로서 가치가 있는 것과 그렇지 않은 것이 혼재해 있어 지역 전체 차원에서 경관을 유지하기 위한 행위 제어와 지속적 관리를 위한 지원 등이 중요한 과제다.

최근 농식품부가 농촌의 사라져 가는 농업유산을 발굴·보전·전승하기 위해 농업유산 제도를 시행하였고, 이를 관리하기 위해 다원적 자원 활용 사업을 실시하여 면적 보전 관리 체계를 만들어 가려고 노력하고 있으나 국가농업유산뿐만 아니라 지역에 산재해 있는 농촌유산을 총체적으로 고려하여 지역 정체성과 지역경제 활성화에 대한 적극적인 방안 모색이 필요하다.

지역 자원 관리는 개별 자원에서 지역으로 그 대상을 확대하고, 관리 제도의 목표 또한 '점적 보존'에서 보다 포괄적인 '면적 관리'로 변화할 필요가 있다. 또한 산재해 있는 지역 자원은 일상에서 지속적 보호와 관리가 필요하다는 점을 감안하면 지역 주민과 관련 전문가 등 민간 부문의 역할이 요구된다. 이를 위해서는 유산의 범위를 확대하고 지역 주민이 주체가 되어 발굴하며, 역사·문화자원 소유주의 보존 및 활용 의지를 장려하여 지역 정체성을 확립하는 데 기여하는 성격의 정책 마련이 필요하다.

제4장
국외 사례

일본 사례

기타하리마 전원공간박물관[1)]

대상 지역 개요

기타하리마(北はりま) 지역은 헤이세이 행정구역 합병 후 니시와키 시(西脇市), 다카 정(多可町)에 걸친 지역이며,[2)] 효고 현 중부에 있다. 니시와키 시의 인구는 4만 1,042명이고, 다카 정의 인구는 2만 1,149명이며, 고령화율이 30% 이상으로 높은 지역이다(니시와키 시 고령화율 30.08%, 다카 정 고령화율 30.38%).[3)] 기타하리마 지역은 간사이 지역의 대도시인 고베 시에서 50㎞, 오사카 시에서 70㎞ 거리에 있어 비교적 대도시로부터 거리가 가깝다.

*****

1) 기타하리마 전원공간박물관 관련 내용은 2014년 6월 시행한 현지 조사 결과와 特定非営利活動法人北はりま田園空間(2014)의 '기타하리마 전원공간박물관' 설명 자료 pp. 1~38 등을 참고하여 작성하였다.

2) 헤이세이 행정구역 합병 전의 (구)니시와키 시(西脇市)+(구)구로다쇼 정(黒田庄町)이 합병하여 (현)니시와키 시(西脇市)가 되었으며, 헤이세이 행정구역 합병 전의 (구)나카 정(中町)+(구)가미 정(加美町)+(구)야치요 정(八千代町)이 합병하여 (현)다카 정(多可町)이 되었다.

3) 2015년 국세 조사 결과 참고

기타하리마 전원공간박물관 관련 정책 동향

기타하리마 전원공간박물관 계획 당시의 국토 계획인 '21세기 국토 그랜드 디자인'의 4대 전략(다자연(多自然) 거주 지역 등)에 따라 '21세기 효고현 장기 비전'이 수립되었다. 이에 따라 니시와키 시, 다카 정이 연계하여 '기타하리마 하이랜드 구상'을 바탕으로 1차 기본 계획을 수립(1994년)·시행하였다.

이 계획으로 기타하리마 하이랜드 파크를 정비하였다. 하이랜드 파크는 니시와키 시와 다카 정이 연계하여 시행하는 사업이며, 지역 자원을 정비·활용하여 살기 좋은 생활환경과 관광자원을 창출하기 위한 계획이다. 에코뮤지엄 개념을 도입하여 하이랜드 파크의 핵심 시설로 에코뮤지엄을 정비하였는데, 에코뮤지엄은 전원공간박물관(에코뮤지엄)을 정비하는 농림수산성의 '전원 정비사업'을 이용하였다.

에코뮤지엄 정비 테마로 ▶고향에서 숨 쉬는 자연 보전과 재생(자연 연출 기능) ▶고향을 상징하는 농산어촌경관 창출(고향 경관 연출 기능) ▶생활, 산업, 자연의 관계 및 체험 연출(생활산업 공간 연출 기능) ▶자연과 지역을 배우는 학습체험의 장 정비(학습체험 기능) ▶어린이들이 자연에서 뛰어놀 수 있는 공간 정비(어린이 놀이 기능) ▶자연에 친숙한 시스템(환경 리사이클 기능)을 설정하였다. 이러한 테마에 대응하여 간단한 체험부터 지역 공헌까지 주민의 단계별 참여 및 참여의 다양성을 고려한 자원 및 주민 네트워크 형성을 중시하였다.

이러한 정비 방침 아래 에코뮤지엄 거점 시설로 방문자 센터(안내 및 실내 전시), 수변생태공원, 산림생태공원, 모험체험장 정비를 계획하였다. 계획 수립 8년 후(2002년) 어린이 감소·고령화·정보화가 진행되었고, 환경과 자연에 대한 주민의식 증가, 주민과 행정 파트너십 필요 등 지역의 사회환경이 변화했다.

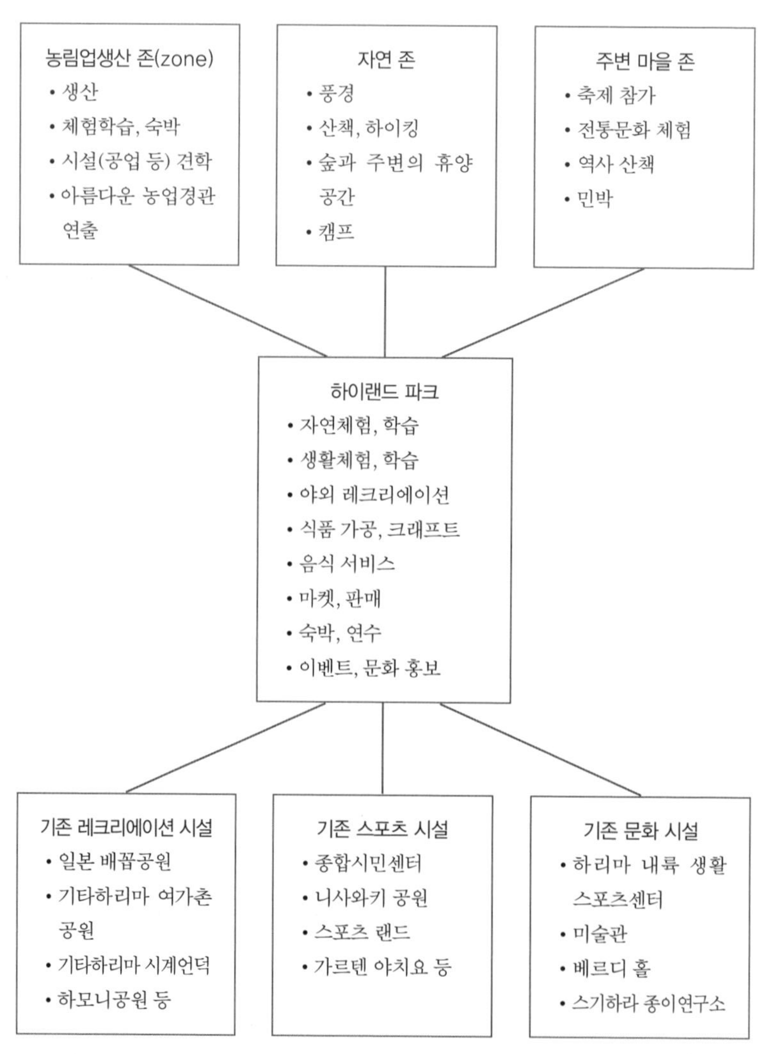

[그림 1] 기존 시설과 주변 자원 네트워크를 통한 하이랜드 파크 형성 개념[4)]

*****

4) 北はりまハイランド構想調査研究会(1995),「北はりまハイランド構造基本計画(報告書)」, p.69 에서 발췌

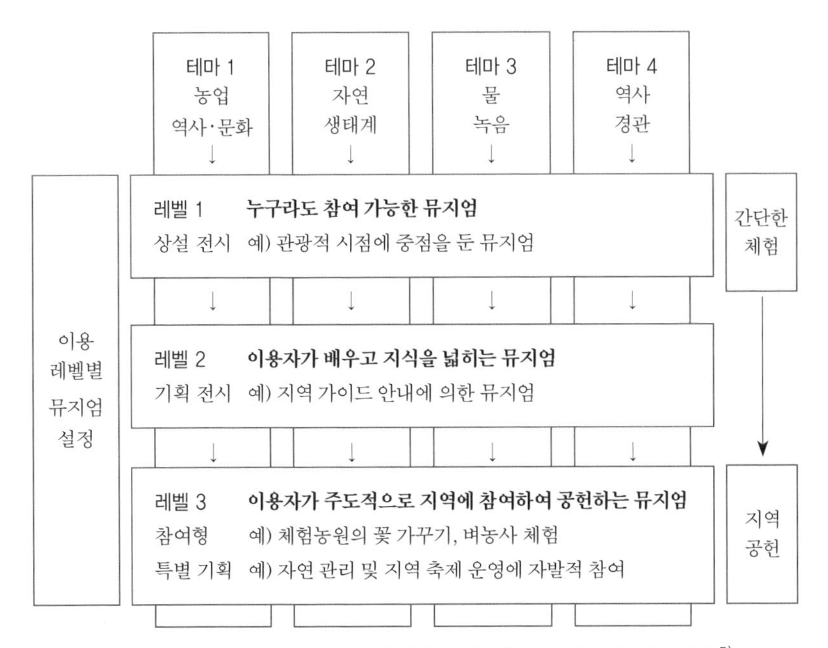

[그림 2] 테마별 광역 에코뮤지엄 전개로 지자체 연계 단위 네트워크 형성[5]

이러한 변화를 배경으로 기타하리마 하이랜드 구상이 지향해 온 도농 교류를 통한 지역 만들기를 다음 단계로 발전시키기 위해 다양한 주체 참여와 협동을 바탕으로 한 2차 시행 계획을 수립하였다.[6] 2차 시행 계획 수립 시 전원공간박물관을 정비하기 위한 전원 정비사업이 일단락되었고, 전원공간박물관 관리·운영에 관한 내용을 2차 시행 계획의 주요 내용으로 반영하였다.

기타하리마 전원공간박물관(기타하리마 에코뮤지엄)은 2002년 9월 정식으로 개관하여 본격적인 활동을 시작하였고, 같은 해 11월 NPO법인으로 인증되어 주민 주도로 운영되고 있다.

*****

5) 北はりまハイランド構想調査研究会(1995),「北はりま田園空間博物館コンセプト等概略資料」, p. 1
6) 北はりまハイランド推進協議会(2001),「北はりまハイランド構想－アクションプランII」

활동 목적 및 운영 체계

기타하리마 전원공간박물관은 에코뮤지엄이란 발상을 바탕으로 주민 스스로 생활·복지 향상을 위한 활동을 실천하며, 도농 교류로 도시문제(과밀, 생활 및 식량 안전)와 농촌문제(과소, 고령화, 생활 불편) 해결에 상호 이바지할 목적으로 다양한 활동을 시행하고 있다.

기타하리마 전원공간박물관의 운영 주체는 NPO법인 기타하리마 전원공간박물관(이하 NPO법인)이고, 거점 시설은 '미치노에키[7] 기타하리마 에코뮤지엄'(이하 '길의 역')이다. NPO법인 사무국은 길의 역 안에 있는 기타하리마 전원공간박물관 종합 안내소이다. 길의 역에는 정보 코너, 체험학습 코너, 특산품 코너, 부대시설(음식 재료 공급 시설 및 주차장)이 있다.

[그림 3] 미치노에키 기타하리마 에코뮤지엄(코어 시설)과 특산품 코너

*****

7) 미치(道 : 길) 노(の : 의) 에키(駅 : 역), 즉 '길의 역(道の駅)'은 국토교통성의 정책(제도 시작 당시 건설성)으로 만들어지고 등록된다. 휴게 시설과 지역 진흥 시설이 일체적으로 정비된 국도변 도로 휴게 시설이다. 도로 이용자를 위한 '휴게 기능'과 도로 이용자와 지역 주민을 위한 '정보 홍보 기능', 도로변을 공유하는 지차제가 상호 연계하는 '지역 연계 기능' 역할을 내포하고 있다. 2014년 10월 10일 현재 1,040곳의 '미치노에키'가 등록돼 있다.

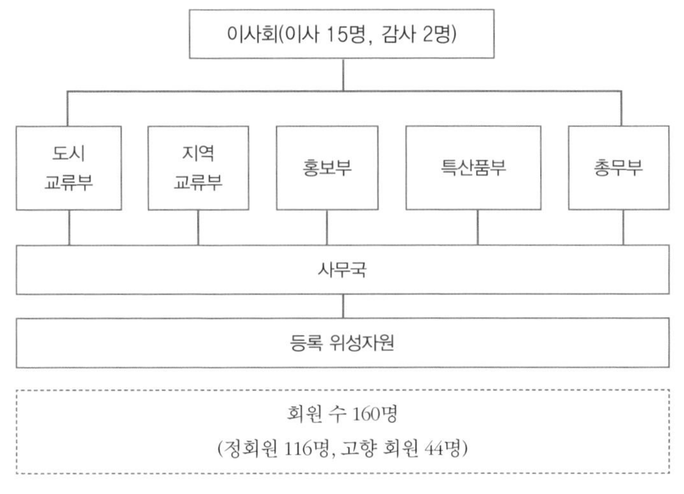

[그림 4] 기타하리마 전원공간박물관 운영 조직 구성

기타하리마 전원공간박물관은 이사 15명과 감사 2명으로 구성된 이사회, 도시 교류부·지역 교류부·홍보부·특산품부·총무부로 구성된 부회, 사무국, 등록 위성자원으로 구성되어 있다. 회원 수는 160명이며, 이 중 정회원이 116명, 고향 회원 44명이다.

사무국은 길의 역 운영·정보 관리 활동을, 도시 교류부는 위성자원을 활용한 도농 교류 활동, 지역 교류부는 이벤트 기획과 위성자원 지원활동, 홍보부는 홍보·정보지 발행과 홈페이지 운영, 특산품부는 상품 개척 특산품 판매(납입자 약 200명) 활동, 총무부는 회의·인사·서무·회계 활동을 담당하고 있다.

운영 현황

회원의 경우, 니시와키 시와 다카 정 행정구역 범위로 한정하지 않고 자율적인 주민 참여를 장려하기 위해 기본적으로 개인회원 자격으로 참여하고 있다. 연회비는 1,200엔이며, 회원은 부회에 속하여 활동한다.

[표 1] 기타하리마 전원공간박물관 위성자원 수[8)]

기타하리마 전원공간박물관 위성자원 수			
시정촌 명		주요 위성자원 수	전원 정비사업 자원 수 (왼쪽 '주요 위성자원' 안의 개수)
헤이세이 행정구역 합병 후	헤이세이 행정구역 합병 전		
西脇市 (니시와키 시)	西脇市(니시와키 시)	17	5
	黒田庄町(구로다쇼 정)	12	4
多可町 (다카 정)	中町(나카 정)	22	3
	加美町(가미 정)	22	9
	八千代町(야치요 정)	18	5
	계	91	26

위성자원의 경우, 에코뮤지엄은 지역 전체를 대상으로 한 지붕 없는 박물관이며, 전원공간 정비사업으로 정비한 위성자원뿐만 아니라 기타하리마 지역 전체 자원을 위성자원으로 활용하고 있다.[9)]

위성자원은 주민이 자발적으로 사무국에 신청하며, 위성자원으로부터 관련 자료를 받아 이사회가 등록 심사 후 결정한다. 병원, 숙박시설 등 영리부문 위성자원 회비는 1만 950엔이며, 절·신사, 경관 등 비영리 부문 위성자원 회비는 영리 부문의 1/3인 3,650엔이다. 사무국은 홈페이지 등을 통해 위성자원을 외부에 소개하고 있고, 비인기 위성자원을 배려한 탐방

*****

8) 北はりまハイランド構想調査研究会(1995),「北はりま田園空間博物館コンセプト等概略資料」, p. 2

9) 기타하리마 전원공간박물관은 하이랜드 구상안에서 추진되었다. 또한 기타하리마 전원공간박물관 위성자원 설정 과정에서 전원 정비사업으로 정비한 시설뿐만 아니라 지자체 안의 모든 자원을 고려하여 위성자원을 통합적으로 연계하고자 하였다. 우리나라도 에코뮤지엄 개념을 도입하여 관련 사업을 시행할 때 관련 지자체의 발전 방향성을 고려하고, 모든 지역 자원의 활용 가능성을 통합적으로 검토하여 추진하는 것을 고려할 필요가 있다.

코스를 계획하여 전원공간박물관 전체로서의 발전을 도모하고 있다. 또한 위성자원 스스로 가치를 높이도록 지원하고 있다.

행정기관의 역할은 조직 운영과 인사에 관여하지 않고 전원공간박물관 운영을 보완적으로 지원하고 있다. 지역 안내와 소개 관련 사업을 사무국(NPO법인)에 위탁하여 에코뮤지엄 활동을 지원하고 있고, 활동 거점과 위성자원 정비를 지원하고 있다.

사무국(NPO법인)의 역할은 위성자원으로부터 활동계획을 접수하며, 홈페이지 홍보 전단지를 활용하여 지역에 위성자원을 홍보하고 있다. 특히 사무국은 위성자원이 스스로 노력하도록 유도·지원하고 있으며, 활동에 대한 지역 주민의 평가를 겸허히 받아들이고 지역 주민과 소통하는 조직 만들기, 사람 만들기(인재 양성)를 중시한다.

운영비의 경우, 전원공간박물관 운영 자금은 ▶길의 역 수익(특산품 판매 수수료 등) ▶행정기관 위탁업무 수입(광고, 안내 업무 등) ▶회원 연회비와 위성자원 연회비로 마련하고 있다. 사무국 운영비의 3/4은 행정기관의 위탁사업으로, 1/4은 길의 역 수익으로 마련하고 있다. 운영에 참여하는 직원과 주민은 활동 내용을 사전에 사무국에 보고하며, 사무국이 이를 검토하여 활동비를 지급하고 있다. 활동비는 시간당 500엔이다.

전원공간박물관에서는 길의 역 수익을 비수익 부문인 NPO법인 활동(사무국) 운영 재원으로 활용하고 있다. 전원공간박물관을 지속적으로 운영하기 위해서는 기본적인 경비 마련이 필요하므로 수익이 창출되는 길의 역이 전원공간박물관 운영에 중요한 역할을 하고 있다. 영리 부문이 비영리 부문을 보완하는 구조다. 길의 역 수입을 NPO법인 활동자금으로 일부 사용하므로 반드시 이사회 결정을 통해 사용 여부를 결정하며, 별도 회계 처리하여 회계의 공정성을 확보하고 있다.

위성자원 사례

■ 이사리가미 마을의 석축 다랑이 논

이사리가미(岩座神) 마을은 다카 정의 북서쪽 기타하리마 지역의 최고봉(千ヶ峰) 산기슭에 있으며, 다다가와(多田川) 하천 유역 최상부에 위치한 21가구로 구성된 작은 산골마을이다.

700년 전에 만들어졌다고 전해져 오는 석축 다랑이 논(334구역)은 쌀을 생산할 뿐만 아니라 편안한 풍경을 제공하고 있고, 농업·농촌의 다면적 기능을 발휘하고 있다. 이러한 농촌경관은 귀중한 농업문화유산으로서 가치가 있으며, 이사리가미 마을은 1999년 효고 현 조례로 '경관 형성 지구'로 지정되었다.[10)]

과소화·고령화가 진행되면서 농산촌 환경이 급변하였고, 이사리가미 마을도 과소화·고령화 문제가 발생하였다. 이러한 상황에서 이사리가미 마을은 1985년 20·30대 젊은이들이 '인왕회(仁王会)'를 설립하여 마을 진흥을 모색하는 등 비교적 이른 시기에 지역 가꾸기를 시작했다. 새로운 작물 재배를 시도하였고, 여성 그룹이 중심이 되어 냉이고추·메밀 등을 재배, 가공품을 만들어 길의 역 등에서 판매해 왔다.

그러나 신작물 도입만으로는 조상들이 땀과 노력으로 가꾸어온 경작지를 보전하는 것이 어렵다고 판단하여 '논밭 오너제'(논밭 계약 사용제, 1구획 100㎡ 5만 엔)로 도농 교류 활동을 시행하고 있다. 참여자 소개·교류 행사, 벼 베기 행사, 벼 수확 행사 등으로 논밭 사용자와의 교류를 통해 마을 활성화를 추진해 오고 있다.

*****

10) 兵庫県(1999),「加美町岩座神地区景観ガイドライン」

[그림 5] 이사리가미 마을의 석축 다랑이 논

기타하리마 전원공간박물관 운영 과제

운영 책임자 면접 조사 결과에 따르면, 현재 기타하리마 전원공간박물관은 활동을 시작한 지 10년 이상 지나 사무국(NPO법인) 구성원이 점점 고령화함으로써 지속적 사무국 운영을 위한 다음 세대 인력 확보가 중요한 과제로 대두하고 있다.

행정기관에서는 전원공간박물관 설립 당시 활동하던 담당자가 정년퇴임하는 등 관련 담당자가 바뀌었고, 몇몇 위성자원에서도 세대 교체가 있었다. 전원공간박물관은 사무국과 행정기관, 위성자원, 지역 주민이 협력해서 가꾸어 나가는 것이 필수적이므로 관련 주체의 세대 교체 이후에도 전원공간박물관의 활동 취지를 서로 이해하고 공유·유지해 나가는 것이 중요하다는 점을 운영 책임자는 강조하였다.

미야가와 유역 에코뮤지엄[11]

대상 지역 개요

미야가와(宮川) 유역 에코뮤지엄(이하 '유역 에코뮤지엄')은 미야가와 하천에 접한 이세(伊勢) 시, 다마키(玉城) 정, 와타라이(度会) 정, 다키(多気) 정, 오다이(大台) 정, 다이키(大紀) 정, 메이와(明和) 정의 1시(市)·6정(町)이 연계하여 운영하고 있다. 오다이(大台) 산에서 발원하여 이세 만으로 흐르는 길이 약 90㎞의 미야가와 하천은 미에(三重) 현에서 제일 큰, 유역 면적 920㎢의 강이다. 1급 하천을 대상으로 한 국토교통성 수질 조사에서 수차례

*****

11) 미야가와 유역 에코뮤지엄에 관한 내용은 2014년 6월 시행한 현지 조사 결과와 현지 수집 자료 등을 참고하여 작성하였다.

전국 1위를 차지한 청류 하천이다. 유역 상류부에 요시노쿠마노(吉野熊野) 국립공원, 하류부에 이세시마(伊勢志摩) 국립공원, 중류부에 오쿠이세미야가와쿄우(奥伊勢宮川峡) 현립자연공원이 있는 것에서 알 수 있듯이 미야가와 유역은 자연환경이 풍부한 지역이다.

미야가와 유역 에코뮤지엄 관련 정책 동향

과소화·고령화로 유역 중·상류 지역이 쇠퇴함에 따라 유역 전체를 대상으로 환경보전, 지역 활성화의 필요성이 대두하였다. 유역 에코뮤지엄은 단일사업이 아니라 '미야가와 유역 르네상스 사업'(이하 '유역 르네상스 사업')이라는 광역 시정촌 연계 사업 안에서 시행되었다.

미야가와 하천에 접한 7개 지자체가 연계하여 1997년부터 시작한 유역 르네상스 사업은 이듬해인 1998년 4개의 기본 이념을 설정하여 '미야가와 유역 르네상스 기본 계획'(이하 '기본 계획')과 1차 시행 계획을 수립하였다. 이 계획은 2010년을 목표 연도로 설정하고, 4년 단위로 단계적으로 추진하였다. 기본 이념 중 '풍부한 자연 보전·재생', '역사·문화 계승 발전', '매력 있는 유역 만들기' 부문에 유역 에코뮤지엄 추진 사업(당시 명칭 '오쿠이세 필드 뮤지엄 계획 추진')이 포함돼 있다.

2000년 미에 현과 시정촌이 연계하여 '미야가와 유역 르네상스협의회'(이하 '르네상스협의회')를 설립하였다. 2003년 2차 시행 계획을, 2006년 3차 시행 계획을 수립하여, 2010년 기본 계획 시행을 완료하였다. 이후 지속 가능한 조직 체제 구축을 검토하여 유역의 정·촌에서 2년 기간 순번제로 르네상스협의회에 직원(공무원)을 파견하여 유역 활동을 지원하고 있다. 2011~2012년에는 와타라이 정, 2013~2014년에는 다키 정이 직원을 파견하였다.

2001년에 '미야가와 유역 필드 뮤지엄'을 '미야가와 유역 에코뮤지엄'으로 개칭하였다. 또한, 지역 진흥 도모를 목적으로 미에 현의 예산으로 에코뮤지엄 강좌를 개설하여 유역 안내인을 양성하기 시작하였다. 2004년 미야가와 유역에서 에코뮤지엄 전국대회를 개최하였다.

[표 2] 미야가와 유역 에코뮤지엄 전개 과정[12)]

연 도	내 용
1996	• 미에 현 교육위원회의 생애학습과 연계하여 '오쿠이세 에코·에리어 구상' 수립
1997	• '오쿠이세 필드 뮤지엄 추진 사업' 시행
1998	• 미에 현의 지역 진흥부와 연계하여 르네상스 프로젝트 시작 • 미야가와 르네상스 비전 수립
1999	• 기본 계획, 제1차 시행 계획 수립
2000	• 미야가와 유역 르네상스협의회 설립 • 당시 활동 명칭 '미야가와 유역 필드 뮤지엄'(가칭)
2001	• 미야가와 유역 안내인 양성 개시 ※ '미야가와 유역 에코뮤지엄'으로 명칭 변경
2002	• 미야가와 르네상스 원탁회의 시작
2003	• 르네상스 프로젝트 제2차 시행 계획 시작
2004	• 미야가와 유역 에코뮤지엄 전국대회 개최
2006	• 미야가와 유역 안내인회 발족 • '미야가와 유역 에코뮤지엄센터 유역관 다이키'(유역관) 완성
2007	• 르네상스 프로젝트 제3차 시행 계획 시작
2010	• 기본 계획 시행 완료 • 활동 실적 등 이후 사업 방향 수립

*****

12) 宮川流域ルネッサンス協議会·三重県(2013), 宮川流域ルネッサンス事業のこれまでの歩み ; 中野喜吉(2014), 宮川流域でのエコミュージアム(현지 시찰 자료)와 현지 조사로 작성하였다.

2006년 유역 안내인회가 설립되었고, 미야가와 유역 안내인 거점 시설인 유역관이 완성되었다. 2011년 '유역 선언'을 한 이후 주민과 다양한 주체가 협력·협동하여 주민이 보람을 느끼는 고향 만들기를 위한 에코뮤지엄 활동을 시행해 오고 있다.

활동 목적 및 운영 체계

유역 에코뮤지엄은 과소화·고령화를 배경으로, 미야가와 유역을 살아 있는 박물관으로 생각하여, 유역 안내인과 주민·기업·행정이 연계하여 미야가와 유역의 자연·역사·문화를 보전·재생하며 지역 활성화를 도모하는 활동을 시행하고 있다.

유역 에코뮤지엄 운영 주체인 사무국은 '유역 안내인회'이다. 즉, 유역 안내인회가 유역 에코뮤지엄을 운영하고 르네상스협의회와 행정기관, 주민, 지역 단체가 협력 지원하고 있다. '미야가와 유역 에코뮤지엄센터 유역관 다이키'(이하 '유역관')는 폐교된 초등학교를 활용한 유역 에코뮤지엄의 활동 거점 시설로, 사무실·전시실·도서실·회의실이 있으며 유역의 다양한 정보를 제공한다.

[그림 6] 미야가와 유역 에코뮤지엄센터 유역관

미야가와 유역 에코뮤지엄

—즐거움·배움·교류·보전을 위하여—

주민·기업·행정이 연계하여 미야가와 유역의 자연·역사·문화를 보전·재생하며, 지역 활성화를 미야가와 유역 안내인과 함께 추진

에코뮤지엄과 관광 연계	유역 안내인회와 에코뮤지엄센터	다양한 단체와 연계	전문지식 습득
유역 안내인의 특기를 살려 에코뮤지엄과 관광을 연계한 활동 추진	유역 안내인회 설립 및 자립을 위한 활동 추진, 유역 안내인회를 축으로 한 다양한 활동 거점으로 에코뮤지엄센터를 정비	지역을 기반으로 유역 안내인이 활동할 수 있도록 주민, 학교, 단체 등과 연계하여 정보 홍보와 참여 기회 만들기 지원	지역의 환경·자원을 보호하고 활용하기 위한 전문지식을 배우기 위하여 대학 등과 연계

[그림 7] 미야가와 유역 에코뮤지엄의 목적 및 추진 체제[13]

*****

13) 宮川流域ルネッサンス協議会·三重県(2013),「宮川プロジェクト活動集 2013」, p. 5

운영 현황

유역 에코뮤지엄 활동은 기획 주체에 따라 르네상스협의회가 기획, 활동 유역 안내인이 개별적으로 기획, 이외 다른 기관이 기획하는 행사가 있다.

유역 안내인회는 매월 1회 운영위원회를 개최한다. 유역 안내인은 미야가와의 자연·역사·문화·전통을 지키고 계승하는 다양한 활동을 자발적으로 기획하여 시행하고 있는데, 2013년의 경우 76가지 활동에 3,832명이 참여하였다. 주민이 자발적으로 참여하는 유역 안내인 활동에 특별한 보수는 없고, 유역 안내인을 주축으로 르네상스협의회·행정기관·주민이 협력하여 활동을 시행하고 있다. 이처럼 유역 안내인은 유역 에코뮤지엄에서 중요한 역할을 하고 있다.

활동 내용별로 사례를 간략히 소개하면, 환경·경관 보전 분야에서 미에현의 '자연환경보전 조례'로 주민과 단체가 자연환경 보전 활동을 시행하고 있다. 하천 중류에는 미세다니(三瀨谷) 댐 호반의 경관을 살린 친수공원 '벚꽃고향 공원'을, 하류에는 '미야가와 친수공원'을 정비하였다. 교류·체험 활동으로 유역 안내인회와 르네상스협의회가 공동으로 매년 7월 초등학교 1~4학년생 대상의 '부모·자식 캠프', 초등학교 5·6학년생 대상의 '미야가와 유역 어린이 강 서밋(Summit) 1박 2일', 휴경 논밭에 수생생물이 서식하는 '송사리 비오톱'에서 초등학생 대상의 환경 체험·교육 활동을 시행하였다. 이 외에 지역의 절 탐방, 산 워킹 등 약 80가지 행사를 유역 안내인이 스스로 기획하여 시행하고 있다.

위성자원 사례

■ 휴경 논을 활용한 비오톱(송사리 비오톱) 환경 · 체험 학습

휴경 논을 활용한 송사리 비오톱은 (구)세이와(勢和) 촌에 있다. 이 지역

[그림 8] 휴경 논을 활용한 비오톱

은 예로부터 '타치바 용수로'가 있는 지역으로, 주민과 타치바 토지개량구가 협동으로 추진하는 '고향 물과 땅 보전' 활동으로 타치바 용수로 주변에 수국을 심어 산책로를 만들었다. 송사리 비오톱은 이 산책로의 일부분이다. 이 비오톱은 자원봉사 그룹인 '호테이 클럽'이 황폐한 휴경 논을 활용하여 만든 것으로 송사리 등 수생생물, 곤충 50종이 서식하고 있다.

2013년에는 에코뮤지엄 활동으로 유역 안내인과 연계, 휴경 논을 활용하여 어린이 대상으로 비오톱에 송사리를 놓아 주는 행사, 수국 심기, 풀베기 등 환경·체험 학습을 시행하였다. 또한 세이와 촌은 송사리 비오톱과 주변 산책로를 활용하여 수국 축제를 시행한다.

■ NPO법인 오스기다니 자연학교

오스기다니 자연학교는 미에 현 오다이 정이 설립하고 지역 주민으로 구성된 이사회가 운영하는 행정 설치-민간 운영형 자연학교다. 현대 소비형 사회에 대한 문제의식을 바탕으로 환경교육 활동을 시행하고 있으며, 이를 통해 일본 농촌 지역에 존재하는 순환형 사회에 대한 지혜를 외부에 알려 지역을 활성화하고 지속 가능한 사회 창조에 이바지하고자 설립하였다.

[그림 9] 오스기다니 자연학교 및 숲속 유치원 활동[14)]

자연학교는 이사 3명, 직원 7명, 비상근 직원 1명으로 운영하고 있다. 중앙정부·미에 현·오다이 정으로부터 보조금을 지원받고 있으며, 문부과학성의 관련 사업을 맡아 시행하고 있다. 또한 오다이 정 교육위원회, 임야청, 지역기업, 유역 안내인, 주민 등 여러 주체와 협력하여 활동을 시행하고 있다.

자연학교는 청소년 자연체험활동 사업(2002~2005년), 인재육성 강좌(2002~2004년), 산림환경교육 추진사업 미야가와 미래숲 만들기(2003~현재), 어린이 공간 만들기 사업(2004~현재), 자연환경교실 강좌(2002~현재), 미야가와 생태계 조사(2005~현재), 미야가와 초중학교 종합학습시간(2001~현재)을 시행하였다. 임야청 지원으로 임업 관련 프로그램(수업)을 1년간 시행하는 활동의 경우, 어린이들이 뒷산에서 간벌 체험을 하고 껍질을 벗겨 근처 시장에 판매하는 일련의 체험활동을 시행하였다.

유역 에코뮤지엄 운영 과제

운영 책임자 면접 조사 결과, 에코뮤지엄 활동을 시행함으로써 지역에 대한 주민들의 애착이 증가하였다. 그러나 2010년 르네상스 사업이 완료

*****

14) 오른쪽 사진은 NPO법인 오스기다니 자연학교가 제공하였다.

돼 2011년부터 사업 주체가 미에 현에서 유역의 시정촌으로 이전되었기 때문에 매년 협의회의 미에 현 예산(위탁금)이 줄어들고 있고 유역 안내인회의 경우는 고령자가 증가하고 있어, 지속적으로 운영 가능한 재원 마련 및 인재 확보가 필요한 상황이다.

사토야마 · 사토우미 뮤지엄

대상 지역 개요

이시카와(石川) 현은 크게 세 지역으로 나누어 불린다. ▶가나자와(金沢) 시 등이 있는 남쪽 지역을 가가(加賀) 지역, ▶나나오(七尾) 시 등이 있는 이시카와 현 중앙 지역을 나카(중간) 노토(中能登) 지역, ▶와지마(輪島) 시 등이 있는 노토 반도 안쪽 지역을 오쿠(안) 노토(奥能登) 지역이라고 한다. 오쿠노토 지역은 인구 감소와 고령화가 심각한 지역으로 손꼽힌다.

오쿠노토 지역은 2011년 6월 니가타 현 사도(佐渡) 시와 함께 일본에서 처음으로 세계중요농업유산으로 지정되었다.[15] 2015년 3월에는 도쿄와 가나자와 시를 연결하는 호쿠리쿠(北陸) 신칸센이 개통됨으로써 세계중요농업유산과 지역 자원을 활용한 농촌관광으로 지역 활성화의 기대감이 증가하고 있다.

사토야마-마을-사토우미의 연속 · 일체성과 농촌유산

오쿠노토 지역이 세계중요농업유산으로 지정된 요인에는 ▶생물다양성이 보존된 전통적인 농림어법과 토지 이용, ▶사토야마(里山) 사토우미(里

*****

15) 윤원근 외 8명(2014),『농어업유산의 이해』, 청목출판사, p. 221

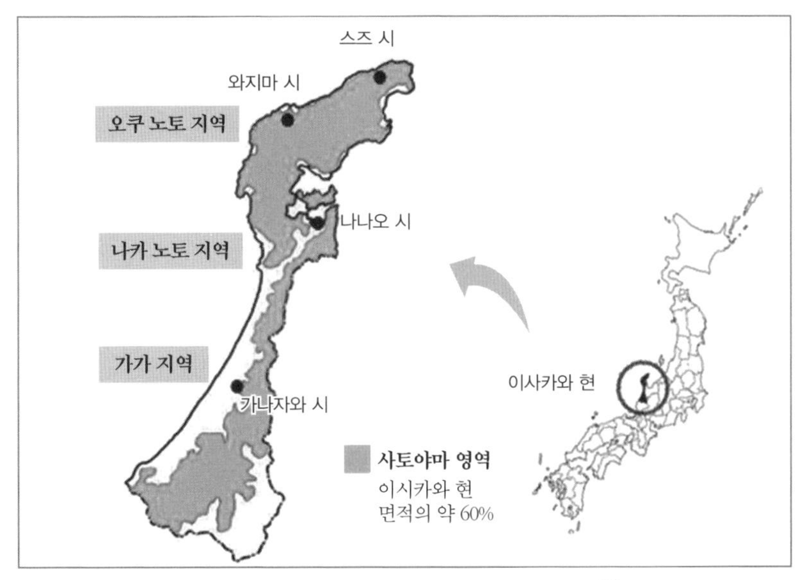

[그림 10] 이시카와 현 노토 반도의 사토야마 영역[16)]

海)[17)]가 품고 있는 다양한 생물자원, ▶사토야마·사토우미가 창출하는 경관, ▶사토야마·사토우미와 관련 있는 농경문화, 지역문화·제례 등이 있다.[18)]

단순히 다양한 생물, 전통적인 농림어업법, 우수한 경관, 농경문화·제례가 있다고 세계중요농업유산으로 지정된 것은 아니다. 이러한 농촌 지역 요소들이 주민생활과 연동하여 '산림(자연)－사토야마－농지－마을－하천－바다의 연속성과 일체성'이라는 일련의 체계(시스템) 안에 존재하므로

*****

16) 사토야마 영역은 石川県(2010)의 「石川県における生物多様性の取り組み：里山里海利用保全を中心として」 p. 6에서 인용하였다.

17) 사토(里 : 마을) 야마(山 : 산), 사토(里 : 마을) 우미(山 : 바다)는 '마을 산', '마을 바다'로 해석할 수 있다. 사토야마는 마을 근처에 있어 주민 생활과 밀접한 산과 산림을 말한다. 사토야마는 땔감, 산나물 채취 등 여러 형태로 이용된다. 사람의 손이 닿는 것으로 생태계가 균형과 조화를 이루는 지역을 말하며, 산림에 면한 농경지와 마을을 포함하는 경우도 있다. 사토우미도 사토야마와 같은 개념으로 사람의 손이 닿아 자연환경이 보전되며, 자연의 생산성이 높아지는 해안부를 말한다.

18) 앞의 책, p. 225

사토야마·사토우미와 이와 관련된 생물다양성, 농림어법, 경관, 농경문화, 제례 등이 세계중요농업유산의 구성 요소로 총체적으로 평가된 것이다. 즉 이러한 구성 요소들은 단일자원이 아닌 사토야마·사토우미라는 환경과 연동된 자원이다. 그러므로 사토야마·사토우미라는 환경의 보전 없이는 이러한 구성 요소도 유지될 수 없다. 이 점이 세계중요농업유산을 이해하는 데 중요한 부분이다.

■ 가미오자와 마을 사례 :
'사토야마–마을(경관, 생활, 문화)-사토우미'의 연속 · 일체성

일례로 가미오자와(上大沢) 마을과 오자와(大沢) 마을을 보고자 한다. 두 마을은 와지마(輪島) 시 니시호(西保) 지구의 어촌으로 교통이 불편한 벽지에 있다.

두 마을에는 일본 서해의 강한 해풍으로부터 가옥과 마을을 지키는 '마

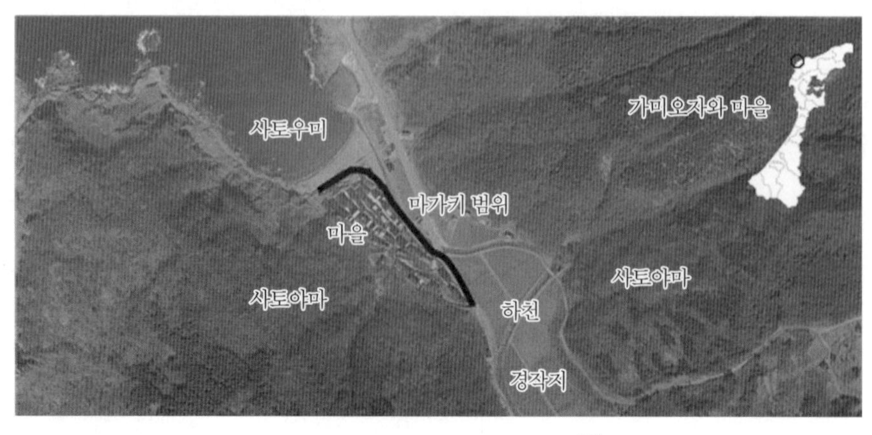

[그림 11] 가미오자와 마을 항공 사진[19]

*****

19) 일본 국토 지리원의 항공 사진을 이용하여 작성

가키(間垣)'라는 대나무 울타리가 만들어내는 훌륭한 경관 자원이 있다. 단순히 훌륭한 경관이 있기 때문에 세계중요농업유산의 구성 요소가 되는 것은 아니다.

[그림 12]처럼 강한 파도와 모래바람이 부는 사토우미가 마을 바로 앞에 있으며, 마을 뒤에 절벽 같은 사토야마가 있는 기후 풍토적 특징이 자연스럽게 마가키를 탄생시켰다. 이러한 마가키는 작은 대나무를 통으로 사용하는 형태, 굵은 대나무를 반으로 잘라 사용하는 형태, 나무판을 사용하는 형태 등이 있다. 가미오자와 마을과 오자와 마을은 '니가타케'로 불리는 비교적 가는 대나무를 통으로 사용하며, 강한 해풍에도 마가키가 무너지지 않게 미묘한 틈을 주며 설치한다. 마가키 보수를 위한 대나무는 마을 사토

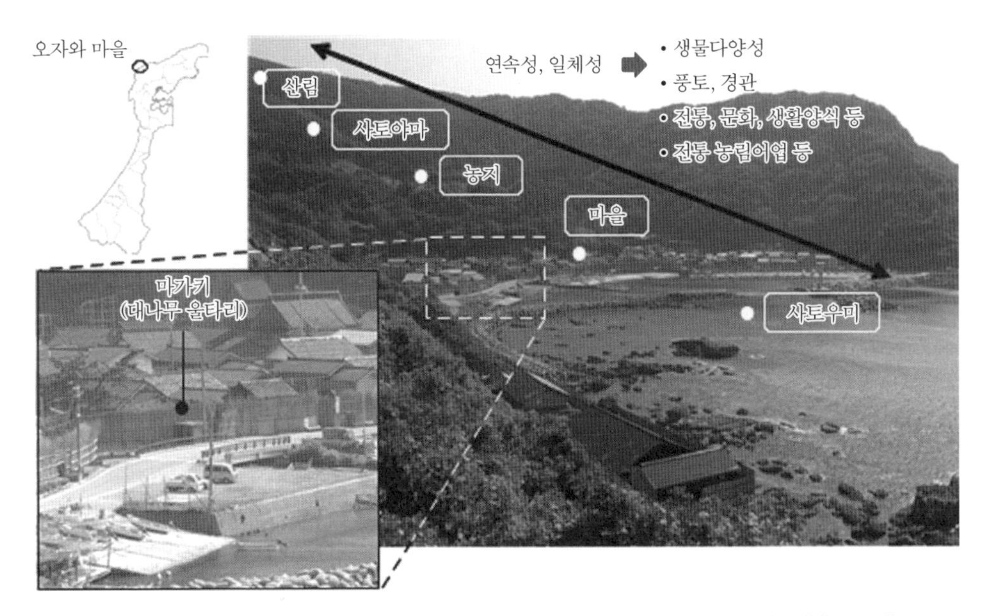

[그림 12] 산림-사토야마-농지-마을-바다의 연속성과 일체성 : 와지마 시 오자와 마을(2014년)

[그림 13] 사토야마-마을-마가키-하천-사토우미의 일체적 경관 : 와지마 시 가미오자와 마을(2014년)

야마에서 마련한다. 니가타케가 자라는 사토야마가 있으며, 특히 니가타케를 채집해도 좋은 곳을 설정하여 중요한 경관 구성 요소로 관리하고 있다. 또한 마가키 보수를 위한 공동 작업은 주민 협동 등 마을 공동체 의식과 연결된다. 이러한 시스템 안에 [그림 13]처럼 '사토야마 마을 마가키—하천—사토우미'로 구성된 일체적 경관이 만들어지는 것이다.

또한 마가키에 입구를 만들어 통로로 사용하며 텃밭, 작업장 등 다양한 생활공간으로도 활용하고 있다. 이곳은 커뮤니티성이 높은 공간으로, 다양한 생활 모습과 풍경이 존재한다.

이 외에도 가미오자와 마을 청년단의 최대 전통 행사인 '무시오쿠리(虫送り)'[20]는 사토야마—하천—사토우미와 관련 있다. 이 행사는 7월 20일 농사에 피해를 주는 벌레(병충해)를 가미오자와 하천 상류의 산에서부터 바다로 몰아내기 위해 시행하며, 마을 주민들이 횃불을 들고 "벼멸구와 벌

*****

20) 虫(무시)의 뜻은 '벌레'이며, 送り(오쿠리)는 '보낸다'는 뜻이다. 농약이 개발되기 전인 1940년경에는 계절에 따라 병충해로 농작물 피해가 심각했다. 오쿠노토 지역에서는 이러한 병충해가 발생하는 6월 중순부터 7월 초순까지 지구별로 무시오쿠리를 시행하였다.

[그림 14] 마가키 입구

[그림 15] 마가키 내부 텃밭

레는 물러가라" 하고 합창하며 바다로 향한다. 마가키 부분에 도착하면 방화를 위해 일단 횃불을 끄고, 해변에 도착하면 다시 불을 붙인다. 해변에는 배를 만들어 놓고, 횃불과 함께 바다로 내보낸다.[21]

이처럼 '사토야마마을사토우미'라는 일체적 시스템 안에 농업 관련, 경관 관련, 생활 관련, 문화 관련 요소가 복합적으로 존재한다. 이는 단일농업유산이 아닌 사토야마와 사토우미, 인간·생활이 빚어낸 총체적 농어촌 유산이라 할 수 있다.

■ 미나즈키 마을 사례 : '사토야마−마을(전통문화)−사토우미'의 관계

다른 예로 미나즈키(皆月) 마을을 보자. 이 마을은 와지마 시 시츠라(七浦)지구의 어촌이다. 앞서 소개한 가미오자와와 가까우며 일본 서해에 접해 있다. 교통이 불편한 벽지에 있어, 도시와 지역 중심지로의 주민 유출로 인구 과소화가 심각한 곳이다. 특히 마을청년회 구성원이 생활환경이 편리한 마을 밖에 살고 있어 청년회 구성원의 무거주화 현상이 일어나고 있

*****

21) 輪島市教育委員会(2011),「輪島市大沢・上大沢間垣と里海・里山の文化的景保存調査報告書案」, p. 66

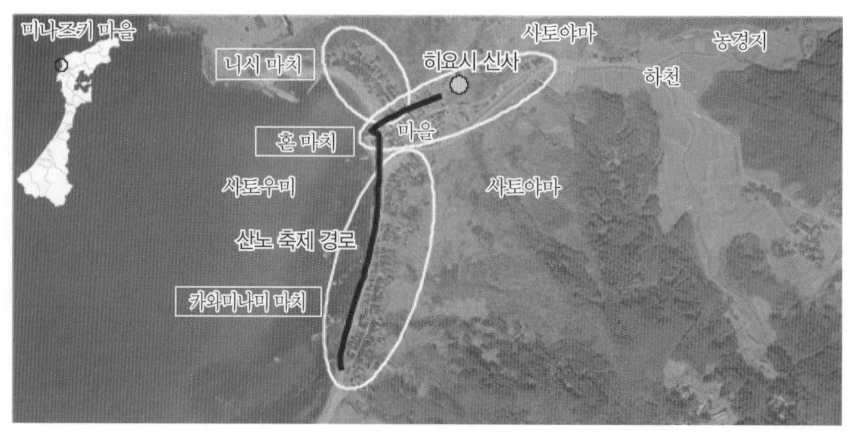

[그림 16] 미나즈키 마을 항공 사진[22)]

다. 하지만 마을의 여름축제인 '산노 축제(山王祭)' 때는 청년회 구성원이 귀성하여 마을 자치회, 마을 주민과 협력하여 축제를 운영하고 있다. 과소화·고령화가 심각하지만 마을 전통문화를 중심으로 지역 내외 주민의 교류와 커뮤니티가 유지되고 있는 마을이다.[23)]

산노 축제[24)]는 미나즈키 청년회, 마을자치회, 마을 주민이 협력하여 시행한다. [그림 17]처럼 나무를 조립해서 만든 배 모양 차(車)인 히키야마(曳山)를 필두로 행렬을 지어, 마을 신사의 신을 마을 뒤 사토야마 근처에 있는 신사에서부터 마을을 거쳐 다시 신사로 모셔가는 전통 행사다.[25)] 현재는 마을 앞 포장도로를 통과하지만 이전에는 [그림 17]처럼 사토우미의 모

*****

22) 일본 국토 지리원의 항공 사진을 이용하여 작성

23) 김두환(2014), 「日韓の過疎地域における農村地域づくりに関する研究：主体間·地域間連携に着目して」, 神戸大学博学位論文, pp. 220-223

24) 산노 축제는 미나즈키 히요시(日吉) 신사의 여름축제다. 8월 10~11일 이틀간 개최되며, 지역 밖에 거주하는 마을 출신자들도 함께 참여한다.

25) ①히키야마를 선두로, ②깃발잡이(하타 모치 : 旗持ち), ③신마(神馬), ④멘 사마(面様 : 가면 쓴 사람), ⑤큰북(太鼓), ⑥작은북(小太鼓), ⑦미코시(神輿 : 신사에 모시는 신을 태운 가마), ⑧신관 및 마을대표그룹, ⑨깃발잡이 순으로 행렬을 지어 이동한다.(川嶋清志(1996), 山王祭り, 七浦民俗誌編纂会編, 『七浦民俗誌』, 高桑美術印刷株式会社, pp. 225~240).

[그림 17] 사토야마-마을-전통문화-사토우미의 관계[26] 와지마 시 미나즈키 마을 산노 축제(2011년)

[그림 18] 사토우미와 산노 축제의 유래와 관련 있는 신성한 바위에 제를 올리는 모습

[그림 19] 산노 축제에 필요한 대나무는 사토야마에서 마련한다.

래 해변으로 이동하였다. 이동하면서 산노 축제의 유래와 사토우미와 관련 있는 신성한 바위에 제를 올린다(그림 18). 히키야마를 장식하는 대나무는 사토야마에서 마련한다(그림 19).

산노 축제와 사토야마 · 사토우미 관련 부분(2011년)

산노 축제를 통해 여러 모습을 관찰할 수 있다. 마을 신이 이동하는 축제

*****

26) [그림 17]은 그림을 소장하고 있는 미나즈키의 카와시마(川嶋渡) 씨가 제공하였다.

이동 경로에는 마을 부녀자들이 사전에 소금을 뿌려 놓는 모습을 볼 수 있다. 특히 산노 축제의 백미는 사토우미를 배경으로 바다 바람에 대나무 깃발을 높이 휘날리며 나가는 모습(경관)이다. 또한 마을 출신자들과 마을 주민이 합심하여 좁은 어촌마을 골목으로 히키야마를 운반하고, 휴식 중 서로 '오미키(お神酒)'[27]를 마시며 흥을 돋우고, 이를 구경하고 응원하는 가족과 주민의 모습은 산노 축제에서 뺄 수 없는 모습이다. 이처럼 산노 축제는 단순한 마을 전통 행사가 아니라 사토야마, 마을, 사토우미가 빚어내는 중요한 농어촌 커뮤니티 교류 유산이다.

산노 축제 주민 모습(2011년)

[그림 20] 이동 경로에 소금을 뿌리는 모습

[그림 21] 협동하여 히키야마를 운반하는 모습

[그림 22] 오미키를 권하며 마시는 모습

[그림 23] 축제를 보며 즐기는 모습

*****

27) 신에게 바치는 술. '신슈(神酒)'라고도 한다.

■ **가나쿠라 마을 사례 :**
'사토야마－전통농법－무형문화' 관계

다른 예로 와지마 시 마치노(町野) 정에 있는 가나쿠라(金蔵) 마을을 보고자 한다.

이 마을은 가미지(上地) 산, 다카쓰보리(たかつぼり) 산 등으로 둘러싸인 해발 100～150m의 중·산간지에 있는 농산촌이다. 2012년 현재 가나쿠라의 가구 수는 64호, 인구는 145명이다. 65세 이상 고령자가 52.7%, 70세 이상 49%로 과소화·고령화가 심각한 마을이다. 이곳에는 농업용 연못이 12곳 있고, 마을 규모가 작은데도 불구하고 절이 5개 있다.[28)]

가나쿠라 마을의 사토야마 경관은 이시카와 현이 사토야마로 구성된 전원 풍경을 소개하는 데 자주 등장한다.

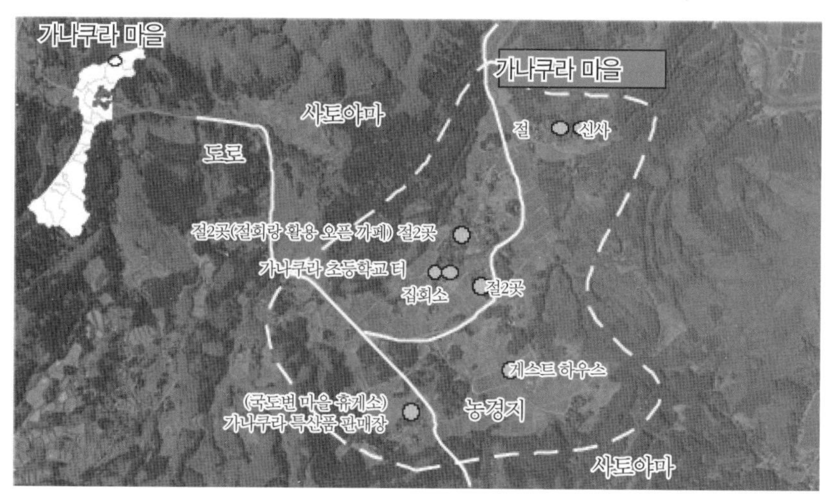

[그림 24] 가나쿠라 마을 항공 사진[29)]

*****

28) 김두환(2013), 「일본의 농어촌 정주공간 관련 정책과 시사점」(성주인 편), 『해외 농어촌 정주공간 관련 정책 동향과 시시점 II』, p. 116

29) 일본 국토 지리원의 항공 사진을 이용하여 작성

[그림 25] 사토야마-연못-농지-마을 모습[30] (가나쿠라 마을, 1972년)

[그림 26] 가나쿠라 마을의 하자보시 1(2012년)

[그림 27] 가나쿠라 마을의 하자보시 2(2012년)

[그림 25]는 벼 수확을 끝낸 가나쿠라 마을의 1972년 풍경이다. 사토야마, 다랑이 논, 연못, 가옥으로 구성된 사토야마의 전원 풍경이 잘 느껴진다. 특히 농경지를 정리하기 전 자연스러운 다랑이 논 풍경이 일부 남아 있다.

[그림 26]과 [그림 27]은 가나쿠라 마을의 하자보시 풍경이다. 햇볕에 벼 이삭을 말리기 위해 만든 나무틀인 '하자(はざ)'에 벼 이삭을 거꾸로 매단 '하자보시(はざ干し)'가 주변 농지, 사토야마와 일체화된 풍경을 연출하고 있다. 원경의 사토야마의 짙은 녹색 풍경을 배경으로, 중경에는 농지의 연

*****

30) 가나쿠라 마을의 이노이케(井池光信) 씨 제공

① 논밭 신을 사카키[31]에 모셔옴.

② 논밭 신을 목욕탕으로 모심.

③ 목욕 후 논밭 신을 화로로 모셔옴.

④ 논밭 신을 제사상으로 모셔와 제를 올림.

[그림 28] 가나쿠라 마을의 아에노고토[32]

녹색 풍경과 그 안에 가옥들이 점적으로 있으며, 볏짚 색의 하자보시는 근경의 주요 모습이 되고 있다. 이처럼 하자보시는 사토야마라는 풍경 안에 자연스럽게 녹아들어 있으며, 추수 후에만 볼 수 있는 사토야마의 독특한 경관을 연출하고 있다. 한편 오쿠노토 지역에는 논밭 신(田の神様)에게 감사하는 제사로, 2009년 유네스코 무형문화유산에 등재된 농경의식 '아에노고토'가 있다. 아에노고토는 지역별, 마을별로 양식이 다양한데 [그림 28]

*****

31) '사카키(榊)'는 신사와 관련된 마을 전통 축제 등에 사용하는 신성한 나뭇가지이다.
32) 아에노고토 사진은 NPO법인 가나쿠라 학교와 가나쿠라 마을이 제공하였다.

[그림 29] 사토야마와 농경지 가옥이 조화로운 가나쿠라 마을 풍경

은 2012년 가나쿠라의 아에노고토를 재현한 모습이다.

먼저, 경작할 논밭에 가서 절 2배, 박수 두 번, 절 1배를 한 후 신성한 나뭇가지인 '사카키(榊)'에 논밭 신을 모셔 온다. 사카키로 옮겨 온 논밭 신은 눈이 불편하여 앞이 잘 안 보이므로 등에 업고 집으로 모신다. 그 다음 따뜻한 화로에서 휴식할 시간을 드리고, 따뜻한 욕조로 모신다. 목욕이 끝나면 다시 따뜻한 화로로 모시고, "목욕을 따뜻하게 하였습니까?"라고 여쭌 후 다시 인사드린다. 논밭 신이 시장하시므로 부녀자들이 가나쿠라에서 수확한 농작물로 만든 음식으로 제사상을 올리고, "식사는 맛있게 하셨습니까?"라고 여쭌다. 논밭 신은 특히 술을 좋아하므로 술을 드린다. 마지막으로 절을 올리고 논밭 신을 보내 드린다. 이처럼 '아에노고토'는 논밭 신에게 단순히 제를 올리는 것이 아니라 논밭 신을 모시고 이야기하며 교감하는 행위의식이다.

하자보시처럼 사토야마의 경관은 단순한 농촌경관이 아닌, 농경 관련 문화유산과 전통적인 농경 기법이 빚어낸 총체적인 농촌유산이라 할 수 있다. 특히 아에노고토는 사토야마를 배경으로 한 농촌 풍경에 직접 보이지는 않지만, 사토야마와 농지의 일체적 경관을 구성하는 문화적 구성 요소로 작용하고 있다고 할 수 있다.

사토야마 · 사토우미 뮤지엄 관련 정책 동향

대상 지역인 이시카와 현은 '이시카와 현 사토야마 창성 펀드사업'[33]과 가나자와 대학이 시행하고 있는 '사토야마 마이스터 육성'[34] 등 경제, 산업, 인재 육성 측면에서 사토야마·사토우미를 활용·유지하는 활동을 지원하고 있다.

이시카와 현은 2011년 3월 '생물다양성 전략 비전'을 수립하였으며, 2011년 4월 환경부 안에 '사토야마 창생(創生)실'[35]을 신설하여 생물다양성 전략 비전을 바탕으로 사토야마·사토우미에 관한 시책을 종합적으로 기획·조절하고 사토야마·사토우미 이용·보전 활동을 지원해 왔다. 사토야마 창생실의 주요 정책으로는 사토야마·사토우미의 새로운 가치 창조 등이 있고, 구체적 사업으로는 '선구적 사토야마 보전 지구 창출 지원사업',

*****

33) 2011년 이시카와 현과 지역 금융기관이 힘을 합쳐 기금을 마련하여 운용 수익으로 사업을 추진하며, 건강한 사토야마·사토우미 지역 조성을 도모하는 사업을 지원하고 있다. 環境省(2011), 人と自然との共生懇談会資料5−1：石川県における里山里海を中心とした地域活性化の取組事例.

34) '사토야마 프로젝트'를 시행하고 있는 가나자와 대학은 2005년 지역 주민을 사토야마를 연구하는 인재로 설정한 '사토야마 주촌 연구원 제도(里山駐村研究員制度)'를 시작했다. 또 가나자와 대학 안에 있는 사토야마 학교와 오쿠노토 스즈(珠洲) 시에 있는 사토야마 자연학교를 거점으로 '사토야마·사토우미 액티비티' 사업을 시행하고 있다. 또한 가나자와 대학은 오쿠노토 지역 활성화를 위해 환경을 배려한 농업인재 양성과 지역 활성화 리더를 육성하는 '노토 사토야마 마이스터 육성 프로그램'을 2007년부터 시행하고 있다(金沢大学地域連携センター '里山プロジェクト事務局'(2010), 里山プロジェクト '里山駐村研究員制度' 総括報告書：里山里海の再生と地域連携 ̄ 金沢大学の挑戦, pp. 1~6). 육성 대상은 사회인이며, 2년 과정을 수강하고 실습으로 환경배려형 농업과 농산물 부가가치를 높이는 지식 등을 배운다[環境省(2011).

35) 현재 이시카와 현 농림수산부 사토야마 진흥실로 재편되었다.

'사토야마·사토우미 에코뮤지엄 창조 지원사업' 등이 있다.

'선구적 사토야마 보전 지구 창출 지원사업'은 2009년 시작한 사업으로 사토야마·사토우미 활용·보존 활동에 의욕이 있으며 지역 자원 활용과 매력 증진으로 활성화를 도모하고자 하는 지역을 선구적 사토야마 보전 지구로 선정, 이시카와 현과 시정촌이 협력하여 주민의 자립적 활동을 지원하는 사업이다. 이 사업으로 사토야마·사토우미 활용·보전을 위한 지역과

[표 3] 이시카와 현 사토야마 창성실의 주요 정책[36]

정 책	구체적 정책 및 사업
사토야마 · 사토우미의 새로운 가치 창조	• 사토야마·사토우미를 활용한 비즈니스 창출 • 사토야마·사토우미 투어리즘 추진 • 사토야마·사토우미의 농림수산업 진흥 등 ※ 선구적 사토야마 보전 지구 창출 지원사업 ※ 사토야마·사토우미 에코뮤지엄 창조 지원사업 등
다양한 주체 참여로 새로운 사토야마 · 사토우미 만들기	• '이시카와형 사토야마 만들기 ISO 제도'를 추진하여 다양한 주체의 참여 촉진과 네트워크 만들기 등
숲 · 마을 · 강 · 하천 연관을 고려한 생태계 보전	• 어도 설치와 다단식 착공 채용으로 다자연(多自然) 강 만들기 추진 • 사토우미 생물다양성에 관한 모니터링 등
다양한 인재 육성, 네트워크 추진	• 사토야마·사토우미 지역의 기업, NPO 등 다양한 주체를 연결하는 코디네이터 등 인재 육성·활용 등
적극적인 종 보존과 적절한 야생생물 관리	• 희귀종 보존, 적절한 야생 조수 관리, 외래종 퇴치 등
생물다양성 혜택에 대한 이해 증진	• 사토야마 보전 활동을 위한 '사토야마·사토우미 슈퍼스쿨 제도'시행 지원 등 • 어릴 때부터 자연과 친숙함, 환경보전의 중요성을 배우는 '숲 보육원' 활동 충실 등
국제적인 정보 공유와 홍보	• 국제연합 대학과 연계하여 국제적 조사·연구 추진 등

*****

36) 環境省(2011), 人と自然との共生懇談会資料 5−1：石川県における里山里海を中心とした地域活性化の取組事例, p. 18

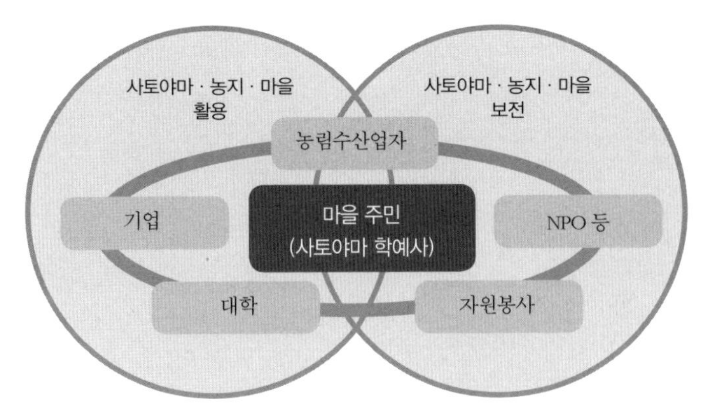

[그림 30] 사토야마 · 사토우미 에코뮤지엄 개념

제 추출과 활동계획을 검토하고 주민이해 향상을 위한 워크숍 등을 추진했으며, 2013년까지 12개 지구가 이 사업을 시행하였다.[37]

'사토야마·사토우미 에코뮤지엄 창조 지원사업'은 2010년 시작한 사업으로, 선구적 사토야마 보전 지구 사업을 추진한 마을 혹은 이 마을을 포한한 지구의 활동을 더욱 발전시키기 위하여 시행하였다.[38] 사토야마·사토우미 자체를 박물관으로 설정하여 단순한 관찰이 아니라 방문자가 지역 축제 행사에 참여·체험하여 주민과 교류하며, 지역의 생활·문화 등 사람과 지역·자연과의 관계를 배우는 장(場)인 사토야마·사토우미 박물관 활동을 지원한다. 사토야마·사토우미 박물관에서는 지역 주민 개개인이 사토야마 학예사이며, 지역의 다양한 매력과 가치를 만들어 나간다.

이 사업은 총 4개 지구(마을)가 추진하였으며, 지역 자원을 재발견·공유하고 활용하기 위한 워크숍 시행, 지역 자원을 체험할 수 있는 플랜(지도)

*****

37) 사업 기간은 3년 이내, 지원금은 30만 엔 이하다. 石川県里山振興室(2013), 事務事業シート(行政経営Cシート)事業名：先駆的里山保全地区創出支援事業.

38) 사업 기간은 3년, 사업비는 200만 엔이다. 石川県里山創生室(2011), 事務事業シート(行政経営Cシート)事業名：里山里海ミュージアム創造支援事業.

작성, 지역 자원 홍보물 제작 관련 활동을 지원하였다. 일본 에코뮤지엄의 공간적 범위는 단일 시 혹은 시정촌 연계 단위가 많으며, 마을을 단위로 한 에코뮤지엄은 많지 않다. 사토야마·사토우미 에코뮤지엄은 마을을 단위로 한 에코뮤지엄 정책으로 주목된다. 4개 지구 중 와지마 시 마치노 정의 가나쿠라 마을의 사례를 살펴보고자 한다.

가나쿠라 마을의 사토야마 · 사토우미 뮤지엄 활동

■ NPO법인 가나쿠라 학교

가나쿠라 마을에는 주민 6명이 주축이 되어 마을 활성화를 도모하는 활동을 자발적으로 추진하는 NPO법인 가나쿠라 학교가 있다.

1990년 마을 주민 3명이 '생각하는 모임'을 만들어 인구 과소화에 따른 마을 현황과 지역 문제에 대해 정기적으로 논의하였다. 한편 1997년 가나쿠라 마을의 가나쿠라 초등학교가 폐교되었는데, 이것이 가나쿠라 초등학교가 마을 커뮤니티의 중심적 존재라는 사실을 새삼 깨닫는 계기로 작용하였다.

가나쿠라 초등학교 폐교를 계기로 '생각하는 모임' 구성원은 생각하는 것만으로는 과소화로 인한 마을의 실태가 변하지 않으며, 마을의 변화를 위해서는 활동을 실천하는 것이 중요하다는 사실을 인식하였다. 그리하여 마을 주민 7명이 뜻을 같이하여 2001년 임의 조직으로 '가나쿠라 학교'를 만들었고, 2003년 9월 가나쿠라 학교를 NPO법인화하여 'NPO법인 아늑한 마을 가나쿠라 학교'(이하 'NPO법인 가나쿠라 학교')를 발족하였다.[39]

*****

39) 김두환(2013), 「일본의 농어촌 정주공간 관련 정책과 시사점, 성주인 편」, 『해외 농어촌 정주공간 관련 정책 동향과 시사점Ⅱ』, pp. 116~117

■ 마을 활성화 활동

임의 조직 가나쿠라 학교는 ▶아늑한 고향 만들기 ▶가나쿠라 역사·문화 발굴 ▶가나쿠라 음식 간담회 등을 시행하였다. 마을에 있는 절·역사·마을 대대로 내려오는 음식을 잘 만드는 여성, 마을 안의 향토 연구가 등 마을에 존재하는 자원을 재발견하여 작지만 여러 활동을 실천하였다. 많은 주민이 참여하지는 않았지만 관심 있는 활동에 여러 사람이 참여하였다.[40]

NPO법인화 후부터 NPO법인 가나쿠라 학교는 마을의 절, 논, 자연 등의 공간을 무대로 예술 활동을 접목한 '가나쿠라 아트(예술) 풍작 축제', 마을 공간에 컵 촛불을 전시하는 '가나쿠라 만등회 축제'를 개발·시행하였다. 이후 가나쿠라 만등회 규모가 확대됨으로써 NPO법인 가나쿠라 학교 구성원의 힘으로만 운영하는 것이 어려워지자 마을 임시 총회에서 마을 주민의 동의를 얻어 이 축제를 정식 마을 행사로 정하였다. 이를 계기로 마을 자치회(주민, 부인회, 노인회 등)와 NPO법인 가나쿠라 학교가 협력하여 '가나쿠라 만등회 실행위원회'를 조직하여 전 주민이 참여하는 마을 행사로 가나쿠라 만등회 축제를 시행하고 있으며, 전 주민이 마을 활성화 활동에 다양한 형태로 참여하게 되었다.

이러한 NPO법인 가나쿠라 학교의 활동에 영향받아 마을의 휴경농지를 일부 경작 관리 하는 친목 조직으로 '아늑한 영농 클럽'과, 여성의 친목을 도모하며 마을의 특산품 개발을 추진하는 '아카리(등빛) 모임'이 생겼다.

NPO법인 가나쿠라 학교를 중심으로 한 마을 활동은 점차 총체적인 형태를 지향하게 된다. NPO법인 가나쿠라 학교는 2011년 2월 '가나쿠라 3화살(목표) 계획'이란 비전을 기획하였다. ▶첫 번째 화살은 '생산 기반 재구

*****

40) 앞의 책, p. 117

축과 경작지 보전', ▶두 번째 화살은 '지역 생산-지역 소비', ▶세 번째 화살은 '교류 인구 확대'다. 가나쿠라 만등회 축제를 축으로 하여 교류 인구를 확대하며, 아카리 모임과 연계하여 마을 요리·마을 특산품을 개발하여 지역의 길의 역에서 판매하며(지역 생산-지역 소비), 가나자와 대학 지역 연계 센터 연구자와 협력하여 마을 경작지 보전·활용 방안을 위한 경작지 진단 맵을 작성하였다.

이러한 일련의 활동을 실천하기 위해, NPO법인 가나쿠라 학교의 취지[41] 처럼 외부에 개방적 자세를 취하며 마을 내외의 다양한 주체들과 유연하게 연계하였다.

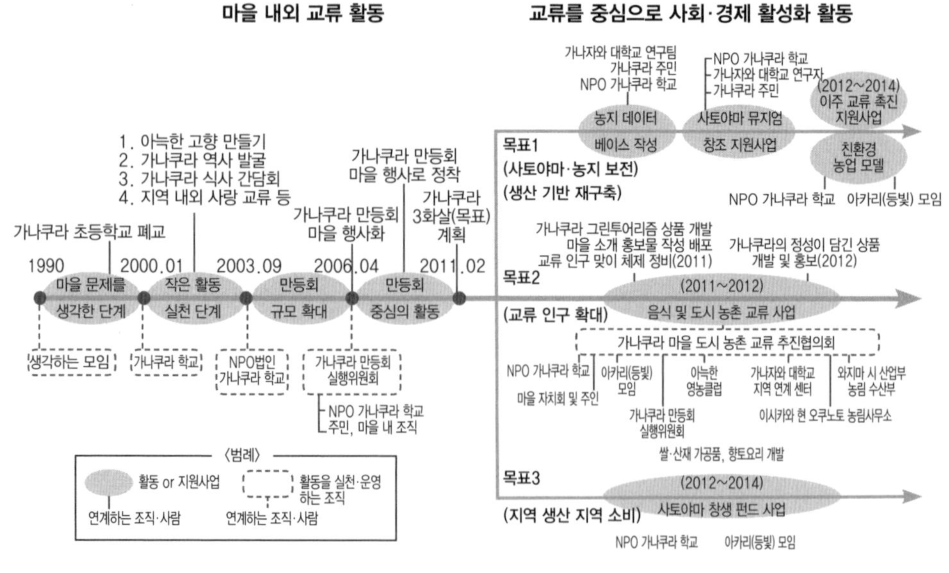

[그림 31] 다양한 주체와의 연계를 통한 NPO법인 가나쿠라 학교의 활동

*****

41) NPO법인 가나쿠라 학교의 설립 취지를 나타내는 문구는 "당신은 선생님 나는 학생, 나는 선생님 당신은 학생"이다. 외부 주체들의 생각과 지혜를 개방적·적극적으로 받아들여 가나쿠라 마을 활성화에 이바지하고자 하는 뜻이 담겨 있다.

사토야마 · 농지 · 마을 '활용' 활동	사토야마 · 농지 · 마을 '보전' 활동
가나쿠라 식사 간담회 ·마을 버섯과 절임 요리 ·이로리(화로) 식사 간담회 등 **지역 내외 사람 교류** ·짚불축제 ·한국 농악단의 가나쿠라 공연 ·가나쿠라 아트(예술) 풍작축제 ·가나쿠라 컴퓨터 교실 강좌 ·가나쿠라 만등회 등 **특산품 개발 홍보** ·가나쿠라 쌀, 술 브랜드화 홍보 ·가나쿠라 향토 요리 메뉴화 ·가나쿠라 향토 점심식단 개발 ·약초 차, 약초 푸딩 개발 등 **가나쿠라 산책** ·일본의 걷고 싶은 길 500선 선정 (1차 선정 250개 지역 중 6위) ·이시카와 현 걷기회 가나쿠라 산책 등	**아늑한 고향 만들기** ·아늑한 고향 만들기 맵 작성 ·안내판, 표지판 설치 ·철쭉 1,000그루 심기 운동 ·연못 환경 정비 등 **가나쿠라 역사 발굴** ·신사, 불각, 지명 유래, 전설 맵 작성 ·석불상 지도 작성 ·가나쿠라 관련 연표 작성 ·가나쿠라 구전 이야기 그림책 작성 ·가나쿠라 20세기 데이터 북 작성 등 **고향 만들기** ·벚나무 숲 만들기 ·도농 교류로 가나쿠라 쌀 만들기 ·숲 관리 활동 지원 단체와 풀베기

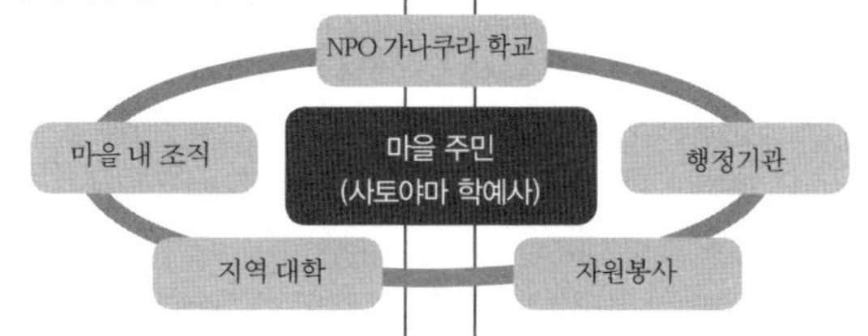

가나쿠라 '나무 소리 카페' 오픈 ·절을 활용한 오픈 카페 ·가나쿠라 산채 피자, 가나쿠라 쌀 케이크, 가나쿠라 단고 등 판매 ·노토 섬 유리 공방 작품 전시 ·가나쿠라 만등회 사진 전시 등 **가나쿠라 만등회 축제** ·마을 공간에 컵 촛불 전시 및 교류인구 확대 **빈집 활용** ·게스트 하우스(가나쿠라 자연문화 연구 거점) ·특산품 개발 등 커뮤니티 거점 시설 '찻집 지지' 오픈 **가나쿠라 특산품 판매장 개설** ·가나쿠라 특산품 판매장(국도변 마을 휴게소) 개설	**가나쿠라 생물다양성 연구** ·생물다양성 연구자 협력 ·COP10 가나쿠라 시찰 ·가나쿠라 생물도감 **벚나무 숲 산책길 만들기** ·마을만들기 협의회를 결성하여 산책로 커뮤니티 광장 정비 **가나쿠라 사토야마·농경지 진단 데이터베이스 작성** ·가나자와 대학 연구자와 워크숍 시행 ·사토야마·농경지 진단 데이터베이스 작성 **사토야마 · 사토우미 에코뮤지엄** ·사토야마·사토우미 에코뮤지엄 창조 지원 사업으로 '가나쿠라 생활지' 작성

[그림 32] 가나쿠라 마을의 사토야마 · 농지 · 마을 활용-보전 활동 개요

사토야마·농지·마을 '활용' 활동

가나쿠라 식사 간담회 이로리(화로) 식사 간담회

가나쿠라 산책

지역 내외 사람 교류 한국농악단 가나쿠라에 오다

나무 소리(木の声) 카페 절을 활용한 오픈 카페

특산품 개발 홍보
가나쿠라 향토 점심식단 개발

가나쿠라 만등회 축제
마을 공간에 컵 촛불 전시

빈집 활용 게스트 하우스(가나쿠라 자연문화 연구 거점)

가나쿠라 특산품 판매장 국도변 마을 휴게소

사토야마 · 농지 · 마을 '보전' 활동

안락한 마을 만들기 표지판 설치

가나쿠라 역사 발굴 가나쿠라 구전 이야기 그림책 작성

고향 만들기
벚나무 숲 만들기

산책로 정비

가나쿠라
생물다양성 연구
가나쿠라 생물도감

聞き書き
金蔵の生活誌
奥能登金蔵　聞き書きチーム

사토야마 · 사토우미 에코뮤지엄
'가나쿠라 생활지' 작성

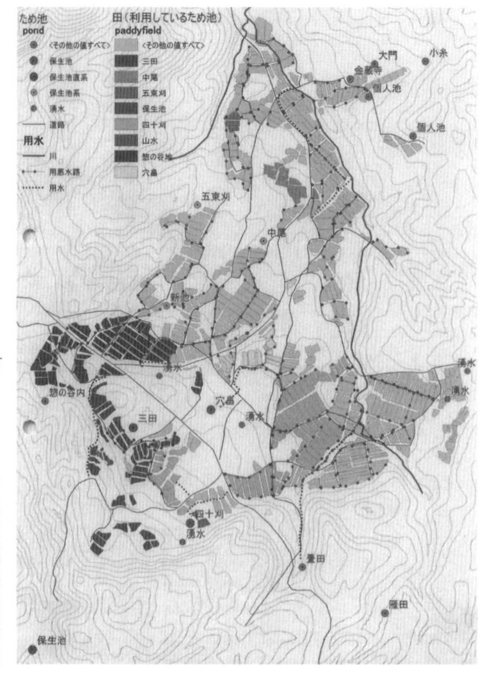

사토야마 · 농경지 진단 데이터베이스　사토야마 · 농경지 진단 데이터베이스 작성

[그림 33] 가나쿠라 마을의 사토야마 · 농지 · 마을 활용–보전 활동 사진

■ **사토야마 · 사토우미 뮤지엄 활동**

[그림 34] 면접 조사 모습

카나쿠라 마을의 경우 사토야마·사토우미 뮤지엄 창조 지원사업은 가나쿠라 3화살 계획 중 첫 번째 목표 안에서 시행하였다. 구체적으로 이 사업 활동에 관심 있는 주민, 가나자와 대학 연구자, 가나쿠라 마을에 상주하며 활동하는 사토야마 코디네이터가 협력하여 '오쿠노토 가나쿠라 면접 조사 정리팀'을 결성하였다.

이 팀을 주축으로 마을 주민과 NPO법인 가나쿠라 학교가 협력하여 마을 고령자 집을 직접 방문하여 면접 조사를 하였다(그림 34). 면접 조사로 가나쿠라 마을 주민의 벼베기 문화, 식생활 습관과 요리, 초등학교 추억 등 옛 생활모습 등 다양한 정보를 얻을 수 있었고, 조사 결과를 정리하여 '가나쿠라 생활지'를 발간하였다(표 4).

이 과정에서 발견한 마을 어르신들의 생활 지혜는 두 번째 목표인 지역생산-지역 소비 활동 중 아카리 모임의 가나쿠라 약초 차, 약초 푸딩 개발, 가나쿠라 향토 점심식단을 개발하는 데 참고하였다. 그린 투어리즘으로 가나쿠라를 방문한 사람에게 이 마을에서만 맛볼 수 있는 식단을 제공하고 있고, 마을을 방문한 어린이들의 농사체험 등에 활용하였다.

고령자들에게 직접 옛이야기를 듣고 기록하는 활동이 특별하지 않을지 모르지만, 무엇보다 중요한 것은 이러한 활동을 통해 고령자들이 '우리도 마을에 도움이 된다'는, 작지만 소중한 자부심을 느끼게 되었다는 점이다.[42] 이 점에서 사토야마·사토우미 뮤지엄 활동의 의미와 가치를 확인할 수 있다.

[표 4] 가나쿠라 생활지 목차

목　　차	면접 조사 대상자(고령자)
해변 마을에서 가나쿠라로 시집와서	A씨
전쟁 후 생활과 옛날 오락	B씨, C씨
벳쇼(別所) 골짜기와 산 생활과 약초	D씨
지신(地神)과 함께	E씨
번창한 시대의 가나쿠라	F씨
대규모 농가 모델 사업으로 벼농사에 바쳐온 인생	G씨
옛날 밭일	H씨
가나쿠라 가미지(上地)[43]에서 태어나 토리게지(鳥超地)로 시집와서	I씨, J씨
할머니들의 옛날이야기1	K씨, L씨, M씨
할머니들의 옛날이야기2	K씨, L씨, M씨
할아버지들의 악단(楽団) 추억	O씨
나가미네지(長峰地) 논에 전해져 오는 이야기	P씨
자연의 은혜를 활용해 온 생활	Q씨
어릴 적 체험한 오래됐지만 좋은 가나쿠라	S씨
가나쿠라 초등학교에서 가르치며	T씨

* 자료 : 堀内美緒 외 2인(2013),『金蔵の生活誌, 奥能登金蔵聞き書きチーム, 能登印刷株式会社』, p. 4

*****

42) 가나쿠라 마을 10년간의 마을 활성화 활동으로, 특히 고령자는 자신도 마을에 도움이 된다는 삶의 보람을 느끼고 있다. 에코뮤지엄 프로젝트에서는 마을 고령자를 대상으로 인터뷰 조사를 시행했는데, 이전에는 외부 주민에게 적극적이지 않았던 고령자가 현재는 적극적으로 대하려는 사람이 늘어났다(에코뮤지엄 프로젝트에 협력한 주민의 말 인용). 김두환(2011), 過疎地域におけるNPO活動の展開と住民参加に着目した実践的地域運営方法 : 石川県輪島市町野町金蔵集落の'NPO法人金蔵学校'の取り組みから,『日本建築学会計画系論文集』, 77(675), p. 1052

43) 가나쿠라 마을은 '지게(地下)'라는 일상생활 교류와 관혼상제 상호 부조를 시행하는 9개의 사회적 단위(반 정도)로 구분되어 있다. 각 지게 이름은 가미지(上地), 이노이케지(井池地), 나가미네지(長峰地), 다나카지(田中地), 토리게지(鳥超地), 쓰쓰미지(堤地), 니시지(西地), 히가시지(東地), 카쿠치지(垣内地)이다.

일본 에코뮤지엄의 특성

에코뮤지엄 개념 도입

에코뮤지엄이란 용어는 1971년 국제박물관회의에서 공식적으로 처음 등장하였고, 일본에는 1974년 쓰루다(鶴田総一郎)가 '환경박물관' 또는 '생태학 박물관'으로 소개하였다.[44] 에코뮤지엄을 본격적으로 연구한 아라이(新井重三)는 에코뮤지엄을 '생활·환경 박물관'이라고 제안하였다.[45]

에코뮤지엄 관련 계획에는 문화보전, 박물관·미술관 정비·재생, 자연·역사·문화·산업을 활용한 지역 가치를 창조하는 컨설턴트인 '단세연구소(丹青研究所)'가 주도적으로 참여하였다.

1989년 야마가타(山形) 현 아사히(朝日) 정은 '후루사토 창생사업'을 계기로 일본 최초의 에코뮤지엄으로 불리는 '아사히 정 에코뮤지엄 연구회'[46]를 설립하여 에코뮤지엄 활동을 시작하였다. 1990년대 들어 도쿠시마(德島) 현의 사카노 정, 지바(千葉) 현의 도미우라 정 등 에코뮤지엄 개념을 도입하여 지역 개발 및 활성화 관련 사업을 추진하는 지자체도 등장하였다.[47] 1995년에는 에코뮤지엄 관련 연구자, 관계자가 '일본 에코뮤지엄 연구회(JECOMS)'를 설립하였다. 또한 1995년에는 제2회 에코뮤지엄 국제심포지엄을 아사히 정에서 '아사히 정 에코뮤지엄 연구회'와 일본 에코뮤지엄 연구회가 공동으로 개최하여 에코뮤지엄에 대한 관심이 증가하였다.

*****

44) 糸長浩司(1996),「キーワード紹介23'エコミュージアム'」,『農村計画学会誌』, Vol. 14(4), p. 71

45) 新井重三(1995),『[実践] エコミュージアム入門 : 21世紀のまちおこし』, 東京 : 牧野出版, p. 36

46) 1999년 'NPO법인 아사히 정 에코뮤지엄 협회'로 NPO법인화하였다.

47) 여경진 외 1인(2007),「일본 에코뮤지엄의 형성과 목적」,『농촌관광연구』, 14(1), 한국농촌관광학회, p. 121

중앙 정부 레벨의 에코뮤지엄 관련 정책

일본 중앙 정부에서도 에코뮤지엄 개념을 빌려 관련 정책을 시행하였다. 일본의 에코뮤지엄 관련 중앙 정부 정책은 환경성과 농림수산성이 주도해 왔다. 환경성은 1995년 자연체험과 환경교육의 장을 정비하는 '에코뮤지엄 정비사업'을, 농림수산성은 1998년 농촌 자원을 네트워크화하여 농촌 지역의 '전원공간박물관'을 정비하는 '전원정비사업'을 시작하였다.

관련 정책 배경을 살펴보면, 일본은 1963년 '제1차 전국총합개발계획'을 시작으로 '국토형성계획'(2008년)을 수립해 왔다. '제4차 전국총합개발계획'(제4전총, 1987~1997년)에서 지역 정책 관련 부분을 보면, 다극 분산형 국토를 구축하기 위해 지역 특성을 살린 지역 정비, 창의적 노력을 통한 지역 정비, 중앙 정부·지방 행정·민간의 연계·네트워크를 통한 지역 활성화를 추진하고자 하였다. 1998년 '21세기 국토 그랜드 디자인'의 지역 정책 관련 부분을 보면, 다자연(多自然) 거주 지역 창조와 다양한 주체의 참여, 지역 연계를 통한 국토 만들기를 추구하였다. 국토·지역 정책에 대한 이러한 방향성 아래 1993년 '환경 기본법'이 제정되어 중앙 정부 각 부서(성)에서도 환경을 고려한 정책을 활발히 추진하였다.

■ 환경성의 에코뮤지엄 관련 정책

1994년 환경성은 '환경 기본계획'을 수립하여 자연환경 보전은 물론 자연과의 만남·체험을 중시하는 정책을 추진하였다. 구체적으로 1995년 '자연공원 등 사업(공공)'[48] 예산을 마련하여 자연공원을 핵심으로 지역의 종

*****

48) 이 사업은 현재도 추진 중이며 시대 변화에 따라 세부 사업도 변하였다. 현재 에코뮤지엄 정비사업은 없으며, 이 사업이 있었던 2002년의 자연공원 등 사업(공공)의 세부 사업은 ① 환경공생 추진 특별정비사업(공생 플랜 21), ② 자연학습 환경정비사업, ③ 자원공원 종합정비사업, ④ 야생 조수와 공생환경 정비사업, ⑤ 고향(지역)과 자연 네트워크 정비사업, ⑥ 자연보도 네트워크 정비사업으로 구성된다. 이 사업은 더욱 세분화된 내역사업으로 구성돼 있는데, 에코뮤지엄 정비사업은 ② 자연학습 환경정비사업 안에, 자연환경 핵심 지역 종합정비사업(녹색 다이아몬드 계획)은 ③ 자원공원 종합정비사업 안에 있다.(環境賞(2001), 自然公園等事業 : 別紙 3)

[그림 35] 환경성 에코뮤지엄 정비사업의 에코뮤지엄 정비 이미지[49)]

합 발전을 도모하는 사업인 '자연환경 핵심 지역 종합정비사업(녹색 다이아몬드 계획)'을 시작하였다. 이 사업은 자연 보전과 회복을 추진하며, 수준 높은 자연학습과 자연탐방을 할 수 있는 필드를 정비하고자 하였다. 동시에 어린이들이 자연을 접하며 배우는 중핵 시설인 '에코뮤지엄센터(방문자센터)'를 정비하고자 '에코뮤지엄 정비사업'을 시작하였다.

이 사업으로 국립공원과 국정공원 12곳에서 이용 정보 제공과 해설활동 등의 거점 시설인 에코뮤지엄센터와 자연을 체험하는 필드·산책로를 연계·정비하였다.[50)] 이 두 사업을 함께 추진하여 환경 기본법이 제시한 '인간과 자연의 풍부한 만남·체험'을 실현하고자 한 것이다.[51)]

*****

49) 環境省(1996),「第4章 第7節 自然とのふれあいの現状」,『1996年度環境白書』

50) 사업 시행 주체가 도도부 현인 공공사업으로, 사업비는 개소당 약 8억 엔(국비 1/3, 현비 1/3, 시정촌비 1/3)이다.

51) 環境省(1996), 앞의 글

■ **농림수산성의 에코뮤지엄 관련 정책**[52)]

농림수산성의 에코뮤지엄 관련 정책으로 '전원정비사업'이 있다. 전원정비사업은 제5차 전국국토종합개발계획인 '21세기 국토 그랜드 디자인'(1997년)과 '생활 공간 배증(倍增) 전략 계획'(1999년) 정책을 배경으로 시행되었다.

이 사업은 도시-농촌의 공생과 농촌진흥을 목표로 농업과 농촌이 지닌 풍부한 자연, 전통문화 등 다면적 기능을 재평가하여 전통적 농업시설과 아름다운 농촌경관 등을 보전·복원하고, 거점 시설인 종합 안내소, 전시시설(지역 자원), 전원 산책길을 연계한 '전원공간박물관'을 정비하는 사업이다. 농림수산성의 1998년도 제3차 보정 예산으로 시작한 사업으로, '전원공간 정비사업'과 '전원 교류 기반 정비사업'으로 구성된다.

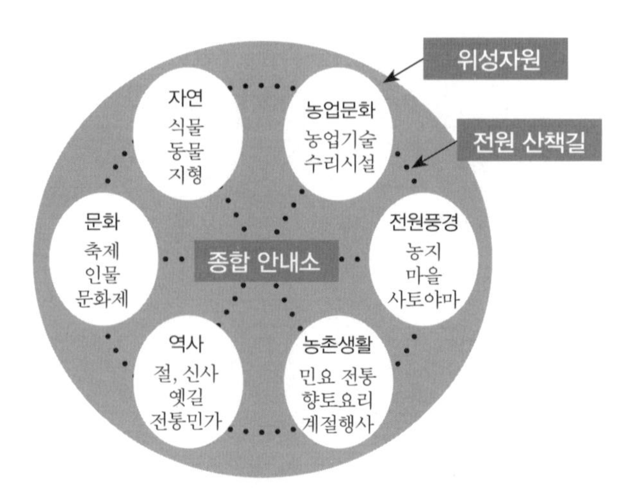

[그림 36] 농림수산성의 전원공간박물관 구성 및 개념

*****

52) 농림수산성의 에코뮤지엄 관련 정책 내용은 일본 농림수산성의 에코뮤지엄 정책 담당자에 대한 서면 조사와 관련 자료를 참고하였다.

전원정비사업은 농림수산성의 시행 요강·요령으로 시행하였다. 사업 시행 주체는 도도부 현·시정촌·토지 개량구 등이며, 사업 대상 공간 범위는 단일 시정촌·복수의 시정촌이다.

사업 시행 요강에서 전원정비사업 내역을 보면, 전원정비사업은 ① 공공시설 용지 확보(농지정비사업 창설 및 환지 등으로 공공시설 용지 확보), ② 전원공간 정비사업(농촌에 존재하는 전통적 농업시설, 아름다운 농촌경관 보전 · 복원 등을 고려한 생산 기반 시설 정비 등), ③ 전원 교류기반 정비사업(지역 간 연계도로 정비)으로 구성되어 있다. 사업비 부담은 중앙 정부 50%, 도도부 현 25%, 관련 시정촌 및 농가 25%이며 사업 내용은 하드 부문에 한정하였다.[53]

전원정비사업은 사업 주체가 '전원정비 구상'을 수립하여 이 구상에 따라 작성한 '전원사업 정비계획'에 기초하여 사업을 시행하며, 계획 수립 시 워크숍 등을 통해 주민이 참여한다. 사업 후 시설 운영 주체는 특별히 정하지 않았고, 지구에 따라 시정촌, 주민조직 등 운영 주체가 다양하다.

2009년 11월 민주당 정권 당시 행정쇄신회의 사업 재평가에서 '목적 자체가 불명료하고 효과도 불명확함', "농촌 활성화'라는 정책 목표와 사업의 관련성과 성과와의 관계가 불명확함', '중앙 정부보다는 지자체에서 해야 할 사업임' 등의 지적으로 폐지되었다.[54]

전원정비사업은 1998~2009년까지 12년간 전국 58개소(지구)에서 시행하였다.

*****

53) 카도노, 미즈노(2001)는 '전원공간박물관 정비사업은 다른 보조사업과 같이 하드 정비만을 대상으로 하고 있고, 이 사업이 주민 주도형 에코뮤지엄으로 기능하기 위해서는 사업 시작 단계와 운영 단계에서 다양한 소프트 측면의 지원이 불가결하다'며, '소프트 측면의 보존 메뉴를 넣는 것이 바람직하다'고 주장하였다.(角野幸博, 水野優子(2001), エコミュージアムの日本的展開：北はりま田園空間博物館を事例に都市計画, 50(2), p. 20)

54) 内閣府(2009), 行政刷新会議 ワーキンググループ事業仕分けの評価結果(平成21年11月11日~13日, 16日, 17日, 24日~27日実施), p. 1

[표 5] 전원정비사업 내역[55)]

사업 구분	대분류	중분류	소분류
전원공간 정비사업	전원공간 정비	공공시설 등 용지 정비	① 포장 정비(농용지 정비) ② 농업용 용배수시설 정비 ③ 농도 정비 ④ 농업·마을 길 정비 ⑤ 마을녹화시설 정비 ⑥ 용지 정비
		전원공간 박물관 정비	① 포장 정비 ② 농업용 용배수 시설 정비 ③ 농도 정비 ④ 농업·마을 길 정비 ⑤ 마을 배수로 정비
			⑥ 농촌공원녹지 정비 ⑦ 라이프라인 수용시설 정비 ⑧ 마을 수변환경 정비 ⑨ 마을 녹화시설 정비 ⑩ 주민 참가 촉진 환경 정비 ⑪ 용지 정비 ⑫ 커뮤니티 시설 정비 ⑬ 경관보전시설 정비 ⑭ 마을농원 정비 ⑮ 보행자 전용 산책로 정비
	특별 인정 사업	특별 인정 시설 정비	그 외 각 지방 농정국장이 특별히 필요하다고 인정하는 시설 정비
전원 교류 기반 정비사업		전원 교류 기반 정비	농촌 활성화에 이바지하는 집락 간 연락에 필요한 농업·마을 길 등(마을 내 도로 포함)의 교류 기반 정비

■ 그 외 관련 정책

그 외 국토청(현 국토교통성)은 '디지털 에코뮤지엄 정비사업'을 시행하

*****

55) 農林水産省(1998),『田園整備事業実施要領』(最終改正 2007年)

[그림 37] 농림수산성의 전원정비사업 시행 지역

여 인터넷 홈페이지를 활용한 에코뮤지엄 홍보를 지원하였다. 현재 중앙 정부 차원에서는 에코뮤지엄에 대한 관심이 낮아진 편이며, 일본 에코뮤지엄 연구회를 비롯하여 NPO법인 등 민간을 중심으로 에코뮤지엄 관련 활동이 이루어지고 있다.

이러한 사업 지역을 포함하여 참고문헌 등으로 일본의 에코뮤지엄 사례 지역을 파악한 결과 약 50~100개 지역[56]에서 에코뮤지엄 이념을 바탕으로 지역 활동을 시행하고 있는 것을 확인할 수 있었다.

*****

56) 농수산성의 전원정비사업을 시행하여 전원공간박물관을 정비한 곳 약 50지역을 더하면 일본에는 약 100지역 정도의 에코뮤지엄이 있다고 추정할 수 있다. 하지만 전원공간박물관을 정비한 후 실질적으로 에코뮤지엄으로 활동하지 않는 지역도 있다는 점을 유의해야 한다.

주요 운영 주체

일본 에코뮤지엄을 주요 운영 주체 측면에서 살펴보면, 시정촌이 사무국을 맡아서 운영하는 '행정 주도형', 주민 혹은 민간 조직 등이 운영하는 '민간 주도형'이 있다. 민간 주도형의 운영 주체는 개인, NPO, 에코뮤지엄을 시행하기 위해 설립한 운영위원회, 유역 안내인 등의 민간 조직이 있다. 중요한 점은 에코뮤지엄은 종합적인 활동을 시행하므로 이러한 운영 주체가 단독으로 운영하는 것이 아니라 운영 주체와 지역 주민, 마을, 행정기관, 지역의 대학 및 연구기관, 지역 내 조직 등이 협력하여 추진하고 있다는 것이다. 에코뮤지엄 운영 주체는 기본적으로 주민이지만, 주민이 활동을 원활히 시행할 수 있도록 행정기관의 관심과 지원도 필요하다.[57]

공간 범위

일본의 에코뮤지엄 공간 범위는 ▶하천 유역 범위(미야가와 유역 에코뮤지엄 등) ▶시정촌이 연계한 범위(기타하리마 전원공간박물관 등) ▶하나의 시정촌을 단위로 하는 범위(미타카시 에코뮤지엄 등) ▶마을을 연계한 범위(우에야마 고원 에코뮤지엄 등) ▶마을을 단위로 한 범위 등으로 다양하다.

그러나 마을 단위의 에코뮤지엄 사례는 거의 없고 대체로 단일 지자체 또는 복수의 지자체가 연계한 사례가 많으며, 일본 에코뮤지엄 공간 범위는 상당히 넓다고 할 수 있다. 하지만 전문가 설문 조사[58]에서는 마을 단위

*****

57) 기타하리마 전원공간박물관에서는 NPO법인이 에코뮤지엄을 운영하고 있고 행정기관이 지원하고 있다. 미야가와 유역 에코뮤지엄은 미야가와 유역 안내인회가 운영하고 있고, 르네상스 협의회에서 파견된 지자체 직원이 활동을 지원하고 있다.

58) 본 연구의 하나로 시행한 일본 에코뮤지엄의 성격 및 내용을 파악하기 위한 설문 및 면접 조사다. 조사는 일본에코뮤지엄연구회의 2014년도 총회 및 연구 대회(2014년 6월 22일)에 참석한 에코뮤지엄 전문가를 대상으로 시행하였다. 직접 기입식 설문 조사로 에코뮤지엄 성격을 구체적으로 파악하고자 하였다. 설문 조사는 총 8부이다. 설문 조사 내용을 바탕으로 설문자 중 3명에게 바로 면접 조사를 시행하였다.

로 에코뮤지엄을 추진하는 것도 충분히 가능하다는 의견이 많았다.

주요 활동 내용

에코뮤지엄은 지역의 다양한 유·무형 자원을 활용한 종합적 활동을 시행하므로 활동 내용은 지역사회 계승, 경제 활성화, 문화 계승, 자연환경 보전, 농업 진흥, 도농 교류, 환경 교육, 지역 역사연구, 주민 생애학습, 천연기념물 보호 등 다양하다. 그러므로 각 지역의 특성과 에코뮤지엄 비전에 따라 에코뮤지엄의 다양한 활동 내용을 종합적으로 이해할 필요가 있고, 그 중에서도 어떤 활동을 중점적으로 시행하고 있는지 이해하는 것이 중요하다.

중점 활동 내용을 중심으로 일본의 에코뮤지엄을 분류해 보면 ▶박물관·지역 연계형 ▶국립공원 중심 자연환경 보전형 ▶지역·주민 중심 지역 만들기형으로 구분할 수 있다.[59)]

'박물관·지역 연계형'은 기본적으로 학예사가 상주하는 박물관이나 자료 전시관, 관련 상주 시설이 있어 박물관 본연의 업무인 자료 수집·보전, 조사·연구, 보급 교육을 수행하며, 지역의 다양한 주체와 연계하여 지역 활성화 관련 활동도 추진하는 경우다. 아소 여행자박물관, 공룡섬 전체박물관(아사쿠사 고쇼 우라 지오 파크), 나카가와 정 에코뮤지엄센터, 나메가와 정 에코뮤지엄센터 등이 있다.

'국립공원 중심 자연환경 보전형'은 국립공원에 에코뮤지엄센터(방문자센터)를 설치하여 기본적으로 관련 정보를 제공하며, 부수적으로 자연환경 보전 관련 교육과 체험 등을 시행하는 형태다. 환경성이 말하는 에코뮤지

*****

59) 여경진, 주영민(2007)은 일본의 에코뮤지엄에 관한 선행연구를 검토하여 에코뮤지엄을 환경, 지역개발, 생애학습 분야로 구분하였다. 여경진, 주영민(2007),「일본 에코뮤지엄의 형성과 목적」,『농촌관광연구』14(1), 한국농촌관광학회, p. 132

[표 6] 일본의 에코뮤지엄(박물관 · 지역 연계형)

명 칭	활동 개요
아소 여행자박물관	아소 여행자박물관(阿蘇たにびと博物館)은 아소 지역 전체를 박물관으로 설정하여 아소 지역에서 생활하는 주민의 생활, 자연과 관계된 유·무형 자원을 전시물로 설정하여 안내하는 에코뮤지엄이다. 다른 에코뮤지엄과 달리 국가 자격이 있는 학예사가 상주하며, 박물관 본연의 조사·연구, 수집 보존, 교육 보급 활동을 시행하고 있다.
공룡섬 전체박물관	공룡섬 전체박물관(恐竜のまるごと博物館 : 天草御所浦ジオパーク)은 학예사가 상주하는 고쇼 우라(御所浦) 백악기 자료 전시관을 중심으로 지역 18개 섬 전체를 박물관으로 설정하여 지역 주민, 섬 투어리즘 협의회 등이 협력하여 지층 화석 정보 제공, 지역 어업 체험활동 등을 시행하고 있다.
나카가와 정 에코뮤지엄센터	나카가와(中川) 정 에코뮤지엄센터는 폐교된 중학교를 활용하여 나카가와 정 자연사박물관(1층)과 숙박시설(2층)을 병설한 나카가와 자연사박물관을 나카가와 에코뮤지엄센터로 자리매김하여 지층 관찰 교실 등을 시행하고 있다.
나메가와 정 에코뮤지엄센터	나메가와(滑川) 정의 자연과 문화를 지역전체박물관으로 설정하여 활용하기 위한 거점 시설로, 나메가와 정에 관한 자연과 문화 관련 정보를 수집하여 제공하고 있다. 일본 고유의 민물고기이며, 국가 지정 천연기념물인 미야코다나고(ミヤコタナゴ)의 인공 식생과 생태에 관한 조사·연구와 야생 복귀 실현을 위한 연구를 시행하고 있다.

엄에 해당한다. 홋카이도 구시로 습원 국립공원의 도로코 에코뮤지엄센터, 홋카이도 아칸 국립공원 가와유 지구의 가와유 에코뮤지엄센터, 야마구치 현 아키요시다이 국정공원의 아키요시다이 에코뮤지엄센터 등이 있다.

'지역·주민 중심 지역 만들기형'은 지역의 다양한 유·무형 자원을 활용, 주민 주도 조직을 결성하여 지역 유지와 활성화를 위한 다양한 활동을 추진하는 경우다. 이 형태는 지역 만들기 핵심 내용에 따라 다음과 같이 다양하게 분류할 수 있다.

▶종합적인 활동을 시행하는 형태[60] ▶길의 역을 중심으로 지역 내외

*****

60) 일본 에코뮤지엄의 경우 박물관에 학예사 자격이 있는 전문가가 있어 주민이 참여한 조사·연구·교육 활동을 시행하는 사례는 많지 않다. 아사히 정 에코뮤지엄은 박물관 지역 연계형은 아니지만 주민이 참여하여 조사·연구 활동을 하고 있다.

정보 홍보, 체험활동, 도농 교류 활동을 추진하는 형태 ▶유역 범위 혹은 마을 연계 범위로 도농 교류를 통한 지역환경 보전 활동을 추진하는 형태 ▶역사·문화 자원을 활용하여 교류 활동을 추진하는 형태 ▶복수의 마을이 연계하여 농촌 마을 커뮤니티 형성·재생을 위한 활동을 시행하는 형태 등이 있다.

이처럼 에코뮤지엄 활동은 다양하며 지역별로 차이가 있어 지역사회 활성화, 자연환경 보전, 경제 활성화 등 어떤 목적에 더 치중하고 있는지 명확히 말하기 어렵다.

[표 7] 일본의 에코뮤지엄(국립공원 중심 자연환경 보전형)

명 칭	활동 개요
도로코 에코뮤지엄센터	도로코(塘路湖) 에코뮤지엄센터는 홋카이도 구시로(釧路) 습원 국립공원을 대상으로 습원의 생명 근원인 물을 테마로 습원의 모습과 다양한 자연과 동식물을 소개하는 활동을 추진하고 있다.
가와유 에코뮤지엄센터	가와유(川湯) 에코뮤지엄센터는 홋카이도 아칸(阿寒) 국립공원 중 가와유 지역을 대상으로 지역 전체를 살아 있는 박물관으로 설정하여 오감을 통해 자연과 인간의 만남을 체험하는 활동을 추진하고 있다.
아키요시다이 에코뮤지엄센터	아키요시다이(秋吉台) 에코뮤지엄은 아키요시다이 국정공원의 방문자 센터로 지역의 자연을 소개·안내하는 활동을 추진하고 있다.

* 이와 유사한 곳은 환경성의 에코뮤지엄 정비사업을 시행한 지역이다.

[표 8] 일본의 에코뮤지엄(지역 · 주민 중심 지역 만들기형)

명 칭	활동 개요
① 종합적인 활동	
아사히 정 에코뮤지엄	아사히(朝日) 정 에코뮤지엄은 아사히 정 전체를 공간박물관으로 설정하여 주민 모두가 학예사가 되어 지역의 문화·자원·생활에 대한 자긍심을 가지며, 이를 활용하여 즐겁고 활력 있는 생활 스타일 확립을 지향하는 다양한 활동을 추진하고 있다. ※ 이와 유사한 곳은 '미우라 반도 지역전체박물관(三浦半島まるごと博物館)' 등이 있다.

명 칭	활동 개요
② 길의 역을 중심으로 한 도농 교류 활동	
기타하리마 전원공간박물관	기타하리마(北はりま) 전원공간박물관은 기타하리마 지역의 자연, 역사·문화, 전통산업, 주민생활까지 포함한 유·무형의 지역 자원을 박물관의 위성자원으로 활용하는 지붕 없는 박물관으로, 주민과 행정 파트너십을 바탕으로 지역 내외 정보 홍보, 체험 이벤트, 도농 교류를 통한 지역 만들기를 시행하고 있다. ※ 이와 유사한 곳은 '아소(阿蘇) 전원공간박물관'등이 있다.
③ 도농 교류 활동을 통한 지역환경 보전 활동	
미야가와 유역 에코뮤지엄	미야가와(宮川) 유역 에코뮤지엄은 미야가와 유역 르네상스협의회와 미야가와 유역 안내인(민간 조직)이 협력하여 미야가와 유역 지역(유역의 시정촌)을 살아 있는 박물관으로 설정하여 지역안내인이 유역을 활용한 환경 보전, 도농 교류 활동을 시행하고 있다. ※ 이와 유사한 곳은 '다마가와(多摩川) 에코뮤지엄' 등이 있다.
다카시마 · 쿄류 에코뮤지엄	다카시마(高島)·쿄류(旭竜) 지구는 시가지 근교에 있지만 풍부한 자연이 남아 있는 지역이다. 주민이 지역의 좋은 점을 재발견하여 소중한 자연환경을 다음 세대에 전승하는 활동(운동)을 시행하고 있다.
우에야마 고원 에코뮤지엄	우에야마(上山) 고원 에코뮤지엄은 우에야마 고원의 복수 마을 주민과 다양한 주체가 연계하여 자연환경과 공생하는 배움의 장을 만들고, 자연환경 보전 활동을 시행하고 있다.
④ 역사·문화 자원을 활용한 교류 활동	
쓰야마 · 시로니 시 지역전체박물관	쓰야마·시로니 시 지역전체박물관(津山城西まるごと博物館)은 쓰야마 시, 시로니 시 지구의 이즈모 길 주변을 전체 박물관으로 설정하여 역사와 문화를 담은 활동을 추진하고 있다.
히라노 지역전체박물관	히라노 지역전체박물관(平野町ぐるみ博物館)은 시설이나 전시물을 전시하는 것이 아니라 운영자인 지역(도시) 주민과 방문자의 커뮤니케이션을 통해 주민 자신이 즐기는 지역 재발견 활동을 추진하고 있다.
⑤ 농촌 마을 커뮤니티 형성·재생 활동	
카레키 마타 에코뮤지엄	카레키 마타 지구(枯木又, 복수 마을)의 자연, 역사, 문화, 산업 전부를 박물관으로 설정한 카레키 마타 에코뮤지엄 만들기를 시작하여, 지구 내 13가구와 지구 출신자 200명이 회원이 되어 도농 교류를 중심으로 농촌 지역 커뮤니티 형성·재생 활동을 추진하고 있다.

일본 에코뮤지엄의 성격

에코뮤지엄 활동에 관여한 주민과 전문가에 대한 설문 조사 결과, 일본 에코뮤지엄의 성격을 다음과 같이 말할 수 있다.[61]

첫째, 에코투어리즘(그린투어리즘 포함)과 에코뮤지엄은 지역을 방문하는 사람, 즉 외부인에게 볼거리, 체험 같은 서비스를 제공하는 점은 유사하다. 하지만 에코뮤지엄은 기본적으로 사회교육을 중시하는 사람 만들기(인재 양성)의 장이며 지역 주민, 즉 지역 내부를 향한 활동이 중요하다. 이러한 연장선에서 보면 에코뮤지엄은 지역 주민의 삶이 윤택해지는 것을 중시하며, 지역경제 활성화는 사람 만들기의 결과 수반되는 것으로 지역 활성화 자체를 에코뮤지엄의 목적으로 생각하는 것은 잘못된 인식이다. 주민 개개인의 인생과 지역에 대한 경험·애착을 원점으로 한 자기 자신과 지역 재발견과 같은 활동이 중요하다.

둘째, 에코뮤지엄은 지역 환경과 주민과의 관계,[62] 활동에 참여하는 다양한 사람들 간의 관계(사회 관계 자본, 소셜 캐피털)를 형성하는 생애 교육의 장이다. 즉, 주민들이 지역 환경과 지역사회를 이해하고 지역을 만들어 나가는 장이다.[63] 주민 참여를 높이는 활동, 주민 그룹 간을 연결하는 활동(네트워크화)이 중요하다.

*****

61) 본 절의 내용은 에코뮤지엄 운영자와 참여 전문가를 대상으로 일본 에코뮤지엄의 특성 파악을 위해 시행한 설문 조사 결과를 인용했으며, 필자의 주관적 관점과 생각은 일절 포함되지 않았다.

62) 일본 에코뮤지엄 현장의 에코뮤지엄 정의 부분에는 '주민 참여로 환경과 사람과의 관계를 깊게 모색하는 활동과 시스템'이라는 표현이 있으며, 아사이 정 에코뮤지엄은 지역 환경과 주민과의 관계를 형성하는 활동과 일련의 과정을 중요하게 생각하고 있다.(安藤滝二(2013), 朝日町エコミュージアムについて：住民一人ひとりが学芸員, エコミュージアム研究, 18)

63) 한국도 에코뮤지엄 개념을 도입할 때 그린투어리즘, 에코투어리즘과 같이 외부인을 끌어들여 지역 진흥을 도모하는 관점뿐만 아니라 지역 주민과 이용자가 에코뮤지엄 활동에 참여하는 지역 활성화와 지역 공헌의 관점에서 에코뮤지엄의 방향성을 고려할 필요가 있다.

셋째, 지역 환경과 주민과의 관계 관점에서 보면 에코뮤지엄은 지역 주민이 참여하여 지역의 문화, 역사 등을 발굴하고 특히 보전하는 박물관으로서의 요소·특징을 지니고 있다. 이것이 관광 중심의 에코투어리즘과 다른 점이다. 야쿠시마(屋久島) 에코뮤지엄에 관여한 전문가는 "주민이 지역에 존재하는 것(자연, 생활, 문화 등)을 스스로 조사하여 자기 자신과 지역사회를 변화시켜 나가는 것이 에코뮤지엄의 기본 자세로, 중요하다." 라고 했다.[64]

일본 에코뮤지엄 성과

일본 에코뮤지엄은 다음과 같은 성과를 발휘했다고 평가되고 있다.[65]

첫째, 에코뮤지엄은 사람과 지역(환경 등) 사이의 소중한 것들을 발견하는 데 이바지하였다. 시로야마 에코뮤지엄에서는 주민이 자발적으로 옛사진 수집 활동을 추진하여 아카이브화하였다. 미타카 에코뮤지엄은 수차 경영 농가(문화재)를 해설자로 양성하여 방문자에게 생생한 정보를 직접 제공하는 데 일조하였다.

둘째, 에코뮤지엄은 지역의 아이덴티티(참모습)를 형성하고 소셜 캐피털을 형성·축적하는 도움이 되었다.

셋째, 에코뮤지엄은 행정기관과 지역 주민이 지역 진흥(소득 증가)만을 추구하는 것이 아니라, 동시에 지역과 환경을 소중히 여기는 의식 변화에 도움이 되었다. 또한 에코뮤지엄은 지역에 대한 주민의 애착심 형성에 기여하였다.

*****

64) 일본의 여러 에코뮤지엄 중 이러한 본연의 모습에 충실한 곳은 아사히 정 에코뮤지엄 정도라는 의견을 제시하였다(설문 조사 결과 인용).

65) 본 절의 내용은 에코뮤지엄 운영자와 참여 전문가를 대상으로 일본 에코뮤지엄의 특성 파악을 위해 시행한 설문 조사 결과를 인용하였으며, 필자의 주관적 관점과 생각은 일절 포함되지 않았다.

일본 에코뮤지엄 과제

일본 에코뮤지엄은 앞서와 같은 성과를 발휘했지만, 지속적인 운영 측면에서 한계도 드러내고 있다.[66]

첫째, 자발적 주민 참여를 통한 에코뮤지엄 운영은 한계가 있으며, 운영의 기본이 되는 운영 재원 마련이 필요하다.

둘째, 에코뮤지엄에서 가장 중요한 과제는 활동을 지속하는 지속성 확보이며, 이를 위해 리더 등 활동 인재와 협력자를 지속해서 확보하는 것이 필요하다. 이를 위해서는 지역 주민 스스로 지역을 알기 위한 학습과 참여의 장을 마련하는 것이 필요하다.[67] 또한 다양한 분야에서 지역 활동에 관여하는 사람들의 인적 네트워크를 만들어 나가는 것이 필요하며, 외부에 정보를 홍보하는 것도 필요하다.

셋째, 지역 안에는 여러 가지 활동이 있고, 이것을 에코뮤지엄이라는 이름 하에 통일하는 것이 어려우며, 에코뮤지엄이라는 전체적인 활동 조직으로 뭉쳐 있지 않은 문제가 있다. 또한 여러 단체가 연계, 추진협의회를 구성하여 에코뮤지엄을 운영하는 경우 각 단체는 자립하여 활동을 추진하지만 지역 전체 에코뮤지엄으로서의 네트워크 형성을 위한 시간과 인재 재공이 어려운 경우가 있다. 따라서 에코뮤지엄에서는 활동 간 연계·연대를 도모하는 것이 무엇보다 필요하다.

넷째, 위성 자원 간의 연계에서 발생하는 문제점을 해결하며 위성자원 사이의 연계를 촉진하는 공적 기관(지자체 등)의 보조적 역할이 중요하다. 행정기관의 경우 담당자의 열의에 따라 에코뮤지엄에 대한 관심과 참여도

*****

66) 본 절의 내용은 에코뮤지엄 운영자와 참여 전문가를 대상으로 일본 에코뮤지엄의 특성 파악을 위해 시행한 설문 조사 결과를 인용하였으며, 필자의 주관적 관점과 생각은 일절 포함되지 않았다.

67) 시로야마 에코뮤지엄에 관여한 전문가 또한 지역 유산 조사·연구·보존·보급 활동 등 주민이 참여하는 학술 연구 활동도 중요하다는 점을 강조하였다.

등 행정기관과 에코뮤지엄과의 관계가 달라진다. 그러므로 에코뮤지엄의 성공적 사례를 이해하는 것이 필요하다. 대안으로 지역의 교육위원회, 박물관, 대학 등과 연계하는 방안을 생각할 수 있다.

다섯째, 에코뮤지엄 활동을 시행하는 지역이 여러 곳 있으나 외부 홍보가 부족하여 에코뮤지엄에 대한 인식이 부족하다. 코어 시설이 없는 에코뮤지엄도 있으며, 전문적 직원(학예사)이 배치되지 않은 곳도 있다. 외부로 정보를 체계적으로 발신하는 시스템을 마련하기 위해서는 코어 시설 기능을 강화하고 전문 직원을 두어 사무국 기능을 강화하는 것이 필요하다. 코어 시설, 즉 에코뮤지엄 관리사무국을 행정기관이 설치할 때는 조례를 마련해야 한다.

에코뮤지엄 의미의 가치

이상으로 일본의 에코뮤지엄 사례, 정책을 통해 에코뮤지엄의 성격을 살펴보았다. 특히 이시카와 현의 사토야마·사토우미는 농업유산의 의미만 지니는 것이 아니라 농어촌유산으로서의 의미를 내포하고 있다는 점을 확인할 수 있었다. 지역 특성에 맞는 다양한 에코뮤지엄이 가능하지만 지역의 사회, 문화, 자연 등의 환경과 인간생활이 조화된 시스템 안의 농어촌유산으로 에코뮤지엄은 작동하는 것이며, 이 점을 강조하고자 한다.

프랑스 사례

브레스 부르기뇽 에코뮤지엄
(Ecomusée de la Bresse bourguignonne)

112개의 코뮌으로 구성돼 있는 브레스 부르기뇽 지역은 약 1,700㎢의 면적에 주민 7만여 명이 살고 있다. 이 지역은 토양이 균질하여 프랑스 농산물 생산에 큰 역할을 했으며, 다양한 작물 재배 지역이면서 젖소 사육지였다. 하지만 다른 농촌과 마찬가지로 젊은이 유출, FTA로 인한 경쟁력 약화 등으로 수익성을 창출할 수 있는 농업을 찾아야 할 필요성이 제기되었다. 이를 극복하기 위해 1981년 당시 광역의회 의장인 피에르 족스(Pierre Joxe)의 요청으로 지역의회와 행정 당국, 시민단체 대표자가 주도가 되어 에코뮤지엄 사업을 추진하였다. 이 사업은 에코뮤지엄에 소장될 만한 수집품을 대중에게 개방하고 보여 주기 위한 목적으로 시작되었고, 도 소유였던 피에르 드 브레스 성을 중심으로 에코뮤지엄이 형성되었다.

브레스 부르기뇽 에코뮤지엄은 농촌형 에코뮤지엄의 전형적인 사례로 여겨진다. 브레스 부르기뇽 지역의 건축물, 유적, 아름다운 경관, 유물 그리고 기록 또는 증언을 수집하고 지키고 알릴 뿐만 아니라 여러 상설 전시실을 통해 브레스 부르기뇽 지역의 자연환경과 역사, 농경생활 등 과거와 현재의 여러 상황을 다양하게 전시하고 있다. 과거 티아르(Thiard) 백작이 살던 성의 모습을 재현하거나 브레스 지역의 지질 구조, 하천, 숲, 경작 등 다양한 모습도 전시되어 있다.

피에르 드 브레스 성(중핵박물관)을 중심으로 8개의 소박물관(5개의 위성 박물관과 3개의 연합 시립박물관), 방앗간, 기와 제조장, 기름 판매소, 대장간을 관람하는 발견의 길로 이루어져 있다. 이 박물관들과 주요 장소를 연결하는 길의 여정 속에 마을의 유적 및 유산, 주민들의 생활을 생생하게 접할 수 있다.

피에르 드 브레스 성에는 지역의 생활상을 볼 수 있는 상설 전시실이 마련되어 있는데, 브레스 부르기뇽 지역의 지형·매장문화재·농업과 공업·관광·생물 등 전반적 사항이 전시되어 있고, 문화센터·여름학교·뮤지컬 등 다양한 행사를 개최하고 있다. 박물관 관람시간은 오전 10~12시, 오후 2~6시이고, 10월 1일부터 5월 14일까지는 토·일요일 오전에는 문을 닫으며, 5월 1일은 휴관한다. 연간 한 달 정도 휴관하면서 박물관을 정비하는데, 2014년에는 12월 22일부터 이듬해 1월 17일까지 휴관했다.

전시 및 부대 시설이 잘 짜여 있어 주민과 외부 방문객 모두 이 지역에 대한 이해와 관심을 높일 수 있도록 되어 있다. 지역농산물을 활용한 제철 농산물로 만든 음식을 시식할 수도 있어 농산물 홍보가 가능하다.

'포도원과 포도주 소박물관'에는 와인 농가가 실제로 거주하며, 그 과정을 체험할 수 있도록 돕고 있다. '신문사 소박물관'은 폐간된 신문과 인쇄기기를 전시하며, 각종 미술갤러리 역할도 겸하고 있다. '짚과 의자 소박물관'에서는 이 지역에서 많이 나는 짚으로 의자를 만드는 과정을 보여 주며,

[표 9] 브레스 부르기뇽 에코뮤지엄의 소박물관

소박물관	내 용
포도원과 포도주 (Le vigneron et sa vigne)	프랭스 도랑주 옛 성의 중정, 옛 농가와 지하 저장고, 곡물창고를 리노베이션한 장소에 전통 방식의 포도 재배와 포도주 양조 과정을 중심으로 한 체험 위주의 전시
신문사 (L'Atelier d'un journal)	1984년 문을 닫은 지역신문《랭데팡당 뒤 루아네 에 뒤 쥐라》의 인쇄소가 에코뮤지엄 위성박물관으로 변모. 리노테이프, 윤전기, 인쇄기 등의 기계들이 가동되는 상태로 보존됨. 프랑스에서는 유일하게 조판활자 방식의 인쇄작업소를 보존함. 오래된 인쇄소의 원형이 보존돼 있고, 과거 신문 및 인쇄물 전시
짚과 의자 (Chaisiers et pailleuses)	브레스 부르기뇽의 중심인 루앙 남서쪽에서 투르뉘 방향 971번 지방도로로부터 15㎞ 떨어진 곳에 위치함. 짚 의자 제조과정 및 다양한 목재 수공예 체험 프로그램 운영 및 전시
숲과 나무 (La Maison de la forét et du bocage)	생 마르탱 앙 브레스의 페리니 마을에 있는 오래된 초등학교에 위치함. 숲으로 둘러싸여 있어 숲의 다양한 생태계 관련 전시 및 벌목 체험
농가 (La ferme du Champs bressan)	1937년 파리 국제박람회 출품작이었던 '브레스 지역 농가 및 전통 생활양식' 재현
밀과 빵 (Le bléet le pain)	축소 모형, 삽화, 시청각 자료, 기계 전시 등을 통해 세계 밀 경작의 발전과 씨 뿌리기, 제분공장의 역사, 빵 만드는 작업을 다룸. 경작 역사·과정, 빵 제조 체험 및 전시
농업 (Maison de l'agriculture)	19세기부터 현재까지 브레스 지역 농장 관련 자료 보유. 농가의 작업, 대장간 재현
물과 동력 (Moulin de Montjay, Museé de l'eau)	옛 건축과 제분 방식 및 추진력의 변화를 보여 줌. 물레방아의 원리 재현

이를 판매하기도 한다. '숲과 나무 소박물관'의 경우 폐교를 활용하여 산림의 기초 지식을 쌓도록 교육활동이 중심이 되고 있다. '농가 소박물관'은 농작물 창고를 개축하여 농업박물관으로 만든 곳인데, 역사적 건축양식으

로 지어져 있고 브레스 키친에 관한 전시가 이어져 있다. '물과 동력 소박물관'에서는 물레방아를 이용하여 제분하는 장인들이 실제로 일하며 그 과정을 보여 주고 있다.

브레스 부르기뇽 에코뮤지엄은 총관리부·연구체계·기술부문의 운영 조직이 있고, 관리운영위원회에는 이용자·연구원·관리자의 각 대표가 참여하고 있다.

모르방 에코뮤지엄(Ecomusée du Morvan)

모르방 에코뮤지엄은 산악 지형의 자연공원에 에코뮤지엄이 생긴 경우로 7개의 박물관과 4개의 협력관으로 구성되어 있다. 관리는 자연공원 관리사무소와 연계되어 있는데, 7개의 테마박물관, 전시관은 대부분 지자체가 운영하지만 '보방기념관'과 '샤롤레 육우 테마관'은 시민단체에서 관리하고 있다. 모르방 에코뮤지엄은 농촌유산 전문가들의 활동이 중심이 되어 농촌유산과 관련된 다양한 전시를 하고 직접 체험할 수 있는 프로그램을 지속적으로 운영하고 있다. 자원봉사자의 역할을 매우 중요시하여 '교류(échanges)와 이주(migrations)'가 이 박물관의 목표다.

이 박물관의 구성과 테마를 살펴보면 다음과 같다. '인간 및 경관 테마관'은 축사용 부속 건물을 개조하여 지역의 변천 과정과 지역 주민의 다양한 삶을 전시하고 있다. 이 지역은 지질학적으로 다양한 형질과 다양한 동식물의 종을 보유하고 있어서 인간과 자연환경 간의 상호작용과 영향을 보여 주는 것이 가능하다. '호밀 테마관'에서는 호밀농사 방식에 대해 전시하고 있다. 짚으로는 전통 가옥의 지붕과 벌통 및 여러 가지 실용품을 만들고 일상 양식으로서도 중요한 호밀이 주민생활에 얼마나 광범위하게 사용되고 있는지 알 수 있다. '마차꾼 테마관'은 벌목한 목재를 운반하는 마차꾼들에 대한 다양한 시청각 자료를 소장하고 있다. '보방기념관'은 루이 14세 때 축성 기술로 유명한 모르방 출신의 건축가 보방(Sébastien Le Prestre Vauban, 1633~1707)을 기려 만든 것으로, 이 지역의 도시 계획 및 군사 시설에 대해 소개하고 있다. 보방이 만든 요새 12곳은 2008년 유네스코 세계유산에 등재되었다. '샤롤레 육우 테마관'은 모르방 지방 적갈색 소의 사육 형태, 생산·판매 과정을 전시하고 있다. '구비유산 기념관'은 이 지역의 음악, 무용, 음성, 몸짓 등 다양한 무형유산 자료를 전시하고 있으며, 야외 공연장에서 수시로 공연하고 있다. '유모의 집'도 있는데, 전쟁 고아들을 보육하던 시설을 전시하고 있다.

이 외에도 나막신 제조 작업장, 포도주통 제조장 등 협력 박물관이 지속적으로 확대되고 있다.

렌 지역 에코뮤지엄 (Écomusée du pays de Rennes)

렌 지역 에코뮤지엄은 렌 남쪽에 위치해 있고, '프랑스 박물관' 명칭을 획득하였다. 뱅티네 옛 농장을 정비하여 조성한 이 뮤지엄은 렌 지역의 문화재 가치 높이기, 렌 지역 문화유산 보존에 대해 외부 및 지역 방문객 교육시키기, 국토에 관련되어 있는 수많은 문화 주체들 간의 관계 맺기를 목적으로 하고 있다. 60ha에 달하는 뱅티네 옛 농장은 렌 지역의 가장 중요하면서 성공을 거두고 있는 농업 탐방지들 중 가장 오래된 것으로, 이 이름은 7세기 전부터 사용되기 시작하여 지금까지 사용되고 있다.

1987년 설립된 이 에코뮤지엄은 브르타뉴 박물관의 안테나 박물관 역할을 하며 공동 컬렉션과 여러 서비스를 공유하고 있다. 박물관은 뱅티네 농장 중심 건물에 있고, 1,200㎡의 면적에 16세기부터 오늘날까지의 렌 지역 변천사를 전시하고 있다. 건축, 농업, 생활 방식, 도시–시골의 관계 등과 같이 매우 다양하고 풍부한 테마와 농장과 거주자들의 이야기를 다루고 있다. 물체·기계·가구·복원된 방 등을 전시하고, 이 독특하면서도 보편적인 역사를 만든 사람들의 삶을 이해할 수 있도록 모든 연령대의 방문객에게 오디오 가이드, 인터랙티브 게임, 영화 등을 제공한다.

이 에코뮤지엄의 기획 전시는 정책적으로 토지유산의 여러 영역을 설명하고, 매우 다양한 주제를 강조하고 있다. 이러한 기획 전시는 평균 9개월의 연례 행사를 위해 내외부 공간이 무대로 활용되기도 하고, 자주 열리는 기획 전시의 행사를 통해 관객들은 박물관의 공간 특성을 보다 폭넓게 접할 수 있다. 에코뮤지엄은 진정한 공동체성을 구성하는 축제와 체험도 제안하는데, 연례 양털 깎기, 양모 처리 과정 체험, 벌꿀 수확과 꿀 제품 생산, 지역 생산 사과로 품질 좋은 사과주 만들기 등이 이루어진다. 축제와 함께 다양한 행사들은 에코뮤지엄의 존재 이유이기도 하다. 이러한 행사들은 예를 들어 질 좋은 사과주의 전통 방식 생산 같은 경제활동을 자극하고, 지역경제 재생에 이바지한다.

에코뮤지엄에서는 동물 품종 보존에도 힘을 쓰는데, 닭에서부터 수레를 끄는 말에 이르기까지 브르타뉴의 가축 19종이 이곳에 모여 있다. 멸종 위기 품종의 유전적 보존과 홍보를 열심히 하고, 브르타뉴에서는 농업의 변천사에 대해 수세기의 발자취를 추적하면서 동물 관련 교육 프로그램을 운영하는 노력을 한다.

렌 지역 에코뮤지엄은 특히 프랑스 고유의 농촌문화를 중점적으로 잘 드러낸다고 잘 알려져 있는데, 이에 걸맞게 식물 품종 보존, 신구 농작물 탐구, 과수원 및 과일 유산 보호 등을 통해 방문객에게 이 지역 고유의 농촌문화를 알리고 그 특수성을 유지하기 위한 노력을 하고 있다.

식물 품종 보존을 위해 수세기 동안 보존되어 온 농업과 축산을 발견하게 되는 탐방로를 에코뮤지엄에 포함시켰고, 에코뮤지엄은 수집된 식물들과 탐방로를 결합시키면서 농업을 테마로 한 지역의 중요 공원 역할을 하게 되었다. 방문객은 19ha의 땅에서 브르타뉴의 농작물 변천과 농사 방식 변천을 발견할 수 있다. 동물 품종처럼, 오래된 식물 품종 역시 다른 품종의 수확량이 더 많거나 경작에 제약이 많아짐에 따라 사라질 위기에 처했었다. 이러한 유전적 위협은 많이 생산되는 식물뿐만 아니라 과일, 지역 생산 채소에도 가해졌기 때문에 품종 보호가 중시되었다.

이 에코뮤지엄에서는 식물의 옛 품종 보호뿐만 아니라 새로운 품종 발견 기회도 제공하고 있다. 이를 위한 농작물 탐방로는 20여 개 이상의 농작물과 어제와 오늘의 문화를 종합하고 있고, 이곳에는 전통 작물(아마, 대마, 메밀)과 1960년대 브르타뉴에 유입된 현대 작물(옥수수, 유채 등)이 공존하고 있다.

보호 과수원과 과일 유산도 농촌문화 계승 및 발전의 주요 테마 중 하나인데, 이 지역의 사과주는 사라져 가는 토속식품의 대표적인 예다. 에코뮤지엄은 의미 있는 유전자를 보호하고 풍요로웠던 사과 재배의 기억이 사라지지 않도록 이 지역 사과주의 품종 보호 프로그램과 연구에 적극 참여하고 있고, 방문객들에게 보호 과일 품종을 접하게 함으로써 이 지역만의 특색을 보여 주고 있다. 보호 과수원에는 렌 지역과 인근에서 생산되던 사과 120여 종이 수집되어 있고, 여기에는 배나무와 체리나무도 포함되어 있다.

[표 10] 렌 지역 에코뮤지엄(Écomusée du pays de Rennes)의 구성

구 분	내 용
안내소 (Le bâtiment d'accueil)	2010년 신축된 안내소 건물은 나무를 주재료로 한 매우 현대적 건축 형태를 띰. 방문객 안내 시설 옆에 위치한 350m²의 큰 홀에서 매년 다양한 테마로 기획 전시회를 개최함.
박물관 (Le musée)	뱅티네 농장 안에 위치해 있으며, 전시 동선은 16세기부터 오늘날까지 렌 지역의 변천을 따르고 있음. 건축, 농업, 생활 방식, 도시－시골 관계처럼 다양한 주제를 다룸. 관람 소요시간 : 1시간 30분
사육 건물 (Les bâtiments d'élevage)	마구간, 축사, 돈사, 가금 사육장에서 지역의 보존 대상인 21종의 동물이 사육됨.
옛 품종 목축 자산 (Un cheptel de races anciennes)	가금류 종다양성 확보와 보존 － 멸종 위기 21개 품종 － 보존 프로그램 및 확산 프로그램 － 약 250마리 이상 복제 － 정비된 외부 숲길
보존 과수원 (Les vergers conservatoires)	렌 지역의 과수 보존 － 220그루 이상이 모인 3개의 사과 과수원 － 사과주 생산을 위한 150종 이상의 사과 － 13종의 배나무 － 9종의 체리나무
농업관련 탐방공간 (L'espace agricole)	농지 교육 탐방로 － 30종 이상의 농작물 재배 － 약 1㎞의 농지 탐방로 － 3㎞의 우거진 숲 산책로 － 현대에 재구성된 옛 농장의 텃밭 － 5월과 9월에 관심도가 최대 상승 － 관람 소요시간 : 45분
정원 (Le jardin)	건물들의 북쪽 정원에 농장에서 전통적으로 경작되던 농작물뿐만 아니라 과수들도 함께 배치됨. 가금 사육장이 특별 설치됨(닭, 오리, 거위 등).

프랑스 에코뮤지엄의 특성

프랑스에서 에코뮤지엄에 대한 논의는 1960년대, 제2차 세계대전 후 아프리카 국가들의 독립을 맞이하며 기존 프랑스의 소장품에만 관심을 두는 박물관 방식에 회의를 느끼는 지식인들로부터 시작되었다. 잘 알려진 바와 같이 이 용어는 조르주 앙리 리비에르(George Henri Riviére)와 위그드 바린(Hugues de Varine)에 의해 처음 창안되었고, 1971년 9월 그르노블(Grenoble)에서 열린 제9차 세계박물관협의회(ICOM) 총회에서 그르노블 시장이자 프랑스 환경부 장관인 푸자드(Robert Poujade)가 박물관 학자 약 500명 앞에서 환경과 박물관의 결합을 강조하는 연설을 하면서 처음 공표되었다. 이 자리에서 전통적인 '박물관'이라는 용어에서 벗어나 '에코뮤지엄(Ecomusée)'이라는 단어를 사용하고, 지방 자연공원의 박물관을 '에코뮤지엄'이라 칭하였다.

에코뮤지엄 개념은 리비에르에 의해 처음 정의되었지만 박물관의 사회적 역할과 이론적 체계는 1972년부터 본격적으로 정립·발전되었다. 1970년대 중반에 이르러 프랑스에서는 국가의 천연자원을 보호한다는 이념이 서서히 사회적·정치적·상징적 영향력을 갖기 시작하였고, 1975년에는 자연을 보존, 즉 전통적인 관습(특히 농촌의 관습)을 보호·증진하기 위한 지방 공원들의 체계가 구축되었다. 1970년대에 에코뮤지엄은 문화 보존이 일종의 사회적 책임이라는 정체성 개념을 낳았다.

1974년 에브라르(Marcel Evrard)는 리비에르와 함께 르 크뢰조(Le Creusot)와 몽소-레-민(Montceau-les-Mines) 두 지역을 중심으로 16개 코뮌(Commune) 공동체의 에코뮤지엄을 창설하였고, 전형적인 '전문가-지역주민 참여'라는 최초의 역할 모델을 만들었다. 쇠퇴하는 지역경제를 활성화하기 위한 지역개발정책의 일환으로 시도된 이 에코뮤지엄은 지역공동체 개념을 처음 도입하여 지역 주민이 직접 박물관 운영에 참여하기 시작하였다.

리비에르는 1980년 1월 22일 ICOM 총회에서 '에코뮤지엄의 발전적 정의'를 발표하였는데, 연구기관, 보존기관, 교육기관으로서의 에코뮤지엄 역할을 정의하고 기본 원칙의 공유를 주장하였다. 이를 위해 행정 당국과 주민이 함께 운영 방식을 구상의 필요성을 강조하였고 문화의 품위와 예술적 표현을 포괄적으로 수용하면서 에코뮤지엄의 범주와 특성을 해석하고 정의하고자 하였다.

1980년경부터 프랑스 문화부가 에코뮤지엄을 사회박물관과 합쳐 전통 박물관 범주에 통합시킴으로써 정식 인정하였다. 위베르(Hubert)는 에코뮤지엄의 진화를 세 단계로 보고 유형화했는데, 아르모리크와 그랑드 자연공원 에코뮤지엄의 발전을 목격한 1971년까지를 제1단계로 간주하였다. 제2단계는 1971~1980년까지로, 에코뮤지엄에 대해 다른 접근 방법을 제시한 카마르그 자연공원(PNR de Camargue)과 세벤느 국립공원(Parc National de Cevennes)의 몽-로제르(Mont-Lozère)와 르 크뢰조(Le Creusot)에 설립된 에코뮤지엄이 대표적이다. 위베르는 초기 자연공원 에코뮤지엄이 공간에 중점을 두었다면 제2단계에는 시간과 영역(지역) 그리고 지역공동체 참여라는 중요한 요소를 도입한 것이 특징이라고 주장하였다. 제3단계는 1980년 이후로, 리비에르가 에코뮤지엄의 정의를 재정립하면서 공동체 커뮤니티의 참여가 활발해지고 지역경제 활성화에 중점을 두던 시기다. 1980년대 이후 지역 주민의 참여가 강조되었고, 에코뮤지엄 설립이 급증하였다.

위베르는 자연공원 에코뮤지엄을 제1세대, 르 크뢰조 에코뮤지엄을 제2세대, 비영리 민간단체인 어소시에이션에 의해 설립·운영되는 에코뮤지엄을 제3세대 에코뮤지엄이라 칭하였다.

1990년대 이후 문화부 장관인 자크 랑(Jack Land)[68]이 에코뮤지엄에 상당한 지원을 시작하면서 1993년 37개였던 에코뮤지엄 숫자가 1999년 63개, 2010년에는 87개로 증가하였다. 이와 함께 1981년 에코뮤지엄 헌장이 만들어지게 되는데, 이에는 에코뮤지엄의 정의, 소장품에 대한 규정, 에코뮤지엄의 기능과 조직, 활동이 들어 있다. 1986년 11월 아보 섬(L'isle d'Abeau)에서는 프랑스 전국 에코뮤지엄 총회가 열리고, 이때 전국 에코뮤지엄 관계자들이 모여 네크워크를 형성하였다.

필립 메로(Philippe Mairot)는 에코뮤지엄이 개혁에 기여했던 박물관 문화뿐만 아니라 물려받은 문화유산에 대한 평가, 과학기술적 지식, 관광산업 발전에 기여했던 전원(농촌)생활 및 경제발전의 측면에서 프랑스의 문화경관(文化景觀)에서 매우 중요한 위치를 차지했다고 평가하였다.[69]

1990년대 초 프랑스 문화부 소속 프랑스박물관국(Direction de Musées de France, DMF)은 박물관의 유형 중 사회적 역사와 공동체 생활을 다루는 박물관들을 역사박물관, 인류학·민족학박물관, 해양박물관, 민중생활박물관, 그리고 에코뮤지엄을 포함한 '사회박물관(musée de société)'으로 분류하였다. 프랑스박물관국의 이러한 분류는 1990년대 초 설립된 공동체 박물관(커뮤니티 뮤지엄)들이 에코뮤지엄이란 명칭보다는 사회박물관이라는 명칭을 선택하게 되는 데 영향을 미쳤다고 보일란(Boylan)은 설명하였다.[70] 이 박물관들과 기 설립된 에코뮤지엄이 함께 나눈 목표는 이들을 '에

*****

68) 1990년 문화부 장관 자크 랑(Jack Lang)은 에코뮤지엄이 인기를 얻을 수 있었던 가장 큰 이유를 '지역 정체성에 대한 실제적이고 실용적인 접근' 때문이라고 했다.

69) Agence régionale d'ethnologie Rhône-Alpes, Écomusées en France : Premières Rencontres, nationales des écomusées, Grenoble, 1987, p. 88 ; 이재영, 「프랑스 에코뮤지엄 개념의 형성과 발전 과정 연구」, p. 239 재인용

70) Davis, P., Ecomuseums, 『A Sense of Place』, Continuum, 2011, p. 102

코뮤지엄 연맹'에 동참할 수 있게 하는 결과를 가져왔으며, 1991년 '에코뮤지엄 및 사회박물관 연맹(Fédération des Ecomusées et des Musées de Société, FEMS)'으로 개명한 이후 가입 박물관 수가 꾸준히 증가하고 있다. 프랑스 '에코뮤지엄 및 사회박물관 연맹(FEMS)'의 자료에 의하면 회원 에코뮤지엄과 사회박물관 숫자가 140여 개에 이르며, 관장하는 에코뮤지엄과 박물관이 200개가 넘는다고 한다.

이들 에코뮤지엄과 사회박물관에는 약 1,500명의 직원과 3,000명의 자원봉사자가 활동하고 있으며, 매년 400만 명의 관람객이 찾고 있는데, 이는 프랑스 전체 박물관 관람객의 10분의 1에 해당하는 숫자다. 에코뮤지엄과 사회박물관은 비슷한 역할을 하는데, 이 둘은 기본적으로 에코뮤지엄이 지향하는 철학을 공통적으로 채택하고 있기에 이들 간에는 굳은 결속력이 존재한다. 이들은 테마별로 분류될 수도 있고 지역별로 분류되기도 하는데, 모두 자신의 공동체 안에 자리 잡고 있다.

에코뮤지엄 헌장(Charte des Ecomusées)이 1981년 문화부 교시에 따라 인정받음으로써 에코뮤지엄은 자신의 헌장을 갖고 정식으로 법제화되었다. 이 헌장은 소장품에 대한 규정, 에코뮤지엄의 기능과 조직, 에코뮤지엄의 공식적 정의에 대해 논하고 있으며, 목적이 되는 주요 활동을 열거하고 있다. 또한 에코뮤지엄의 일상적 운영에 대한 엄격한 가이드라인도 명시돼 있다. 즉 지역 주민 대표로 구성되는 '이용자위원회', 학술적이고 전문적 지식을 제공하기 위한 여러 분야 출신의 '학술위원회', 각급 지방행정기관과 후원 기업, 민간 기부자 대표로 구성되며 재정 문제와 발전 전략에 책임 있는 '관리위원회' 등 3개의 운영위원회가 에코뮤지엄 운영을 위해 명시된 필요조건이다.

에코뮤지엄 헌장(Charte des écomusées)

1981년 3월 4일 문화 및 통신부 공표

정의

제1조

에코뮤지엄은 주민의 참여로 해당 지역에서 전승되어야 하는 사회환경과 생활 방식을 나타내는 자연 및 문화유산들에 총체적인 가치 부여, 연구, 보존, 전시의 기능을 지속적으로 담당하는 문화기관이다.

목적

제2조 : 제1조에서 정의된 기능은 특히 다음 활동을 실행함으로써 구현된다.

- 에코뮤지엄의 동산 및 부동산 유산 목록 작성하기
- 해당 지역과 관련된 물건이나 자료를 수집하여 소개하고 물리적으로 보존하기
- 전시, 행사, 그 외 다른 대회 조직하기
- 프랑스 박물관 담당 부서의 의견에 따르면서 구입, 기증, 증여 등을 통해 소장품을 풍부하게 확보하고 협약 맺기
- 전체 목록 작성에 관련되는 지방 서비스 기관들과 협력하여 에코뮤지엄의 확장 범위 속에 포함된 동산, 부동산, 지역 유산의 특별한 요소들 연구하기
- 획득할 수 없을 것으로 여겨지는 건강한 자연환경에 대한 보호 방법을 관할 기관에 제안하기
- 에코뮤지엄 범주 안에서 가능한 한 지역 차원의 교육, 연구 기관의 도움으로 주민들의 사회 조직, 실천, 지식에 대한 조사 및 연구 프로그램을 정의하고 실행하기
- 교육 및 연구 기관과 협력하여 전문가(관리인, 강사, 연구자, 기술자) 양성하기
- 연구 자료를 보존하고 교류하기
- 학교 및 대학 기관의 도움을 얻어 에코뮤지엄 활동에 대한 관심을 높이고, 홍보하는 것을 계획·실행하기
- 에코뮤지엄이 있는 지역에 대해 교육하기

에코뮤지엄의 위상

제3조

에코뮤지엄은 지방자치단체, 공기관, 협동조직, 연합체, 재단에 의해 관리가 보장된다.

수장품의 위상

제4조

에코뮤지엄의 자연 · 문화유산은 동산, 부동산, 동식물 재산, 무형 재산으로 이루어진다. 에코뮤지엄의 재산은 양도할 수 없으며 재산에 대한 권리는 취소할 수 없다. 동식물 재산에 대한 특징은 종족 또는 종류와 연관되어 있다. 산업 세계의 증거가 되는 동적 재산에 대한 것은 일련의 표본으로 대표되는 것을 다룬다.
에코뮤지엄이 구입하거나 기증, 증여를 통해 취득한 것을 수용할 때는 국립박물관협회에 예술적 가치에 대한 자문을 구하고, 문화재 담당 기관의 의견을 수렴해야 한다.
에코뮤지엄 폐관 또는 소유 기관 해체는 프랑스 박물관 부서의 자문을 얻어 진행되어야 하고, 그 재산은 유사한 위상, 같은 지역에 있는 조직에 할당된다.

에코뮤지엄의 기능

제5조

에코뮤지엄의 기능은 담당 책임기관이 정하는 운영 규칙에 의해 결정된다. 그렇지만 에코뮤지엄의 운영 · 관리는 3개 위원회가 설치되고, 모든 관련 주체들의 실질적인 참여를 보장한다. 에코뮤지엄의 법적 성격, 그 중요성에 따라 3개 위원회의 시스템은 다소 강요된 형식화를 받아들일 수 있을 것이다.

상기 언급된 3개 위원회는 다음과 같다.

제6조

학술위원회 : 에코뮤지엄 고유의 다영역성을 반영해서 에코뮤지엄 활동에 유용하게 적용되고 기본이 되는 학문 분야인 농학, 고고학, 생물학, 생태학, 경제학, 윤리학, 지질학, 역사학, 미술사학, 사회학 등의 전문가로 구성된다. 위원회는 합법적 학술사업 실행에서 에코뮤지엄의 관장을 지원하고 이용자위원회의 제안을 학술적으로 엄격하게 검토한다.

이용자위원회 : 에코뮤지엄에의 주민 참여 표현인 이 위원회는 에코뮤지엄을 정기적으로 이용하고 그 활동에 협력하는 비영리단체 및 기타 조직의 대표들로 구성된다. 위원회는 사업 프로그램을 제안하고 그 결과를 평가한다.

관리위원회 : 이 위원회는 에코뮤지엄에 자금을 지원하는 조직(정부 부처, 지자체, 민간기관, 기타 공적 조직)의 대표들과 계약 후 자유롭게 사용할 수 있는 형태로 에코뮤지엄과 재산 양도 계약을 체결한 조직의 대표자로 구성된다. 위원회는 관장의 보고에 대해 에코뮤지엄의 예산을 심의하고, 행정과 운영을 감사한다.

운영

제7조

회의는 연합 규정을 바탕으로 3개 위원회 대표자들로 구성된다.

에코뮤지엄의 관장

제8조

관장은 에코뮤지엄을 진두지휘하고, 유산의 연구 · 보존 · 가치 향상에 주의를 기울이면서 예산을 준비하고 집행한다. 관장은 3개 위원회 회의에 참석하고 발언권을 가진다.

관장은 1945년 8월 31일 법령으로 규정된 조건 속에서 박물관 보존 전문가의 기능을 수행할 수 있는 자격을 갖는 자들의 리스트 중에서 채용된다.

관장은 에코뮤지엄 소유 조직에 의해 이 조직의 규정에 의해 진행되는 절차에 따라 선발된다.

관장은 위와 같은 조건에 따라 채용된 학술적 비서의 보조를 받는다.

다른 직원들은 전적으로 에코뮤지엄에 귀속되고 에코뮤지엄의 고유 권한 속에 있다. 그 규정은 피고용인 조직의 공통 권리를 따른다.

문화부의 개입

제9조

문화부의 프랑스박물관국과 문화 사업의 지역 담당자로 대표되는 유산국이 협력하여 관여한다. 이렇게 개입하는 것은 특히 다음과 같은 형태를 취한다. : 프랑스박물관국은 에코뮤지엄의 보존과 자산 소개를 과학적으로 제어하고 전시, 체험, 복원, 구매, 카탈로그 작성 같은 박물관학적 활동의 실현을 위해 학술적·재정적 지원을 한다. 또한 에코뮤지엄에서 착수한 내장 정비 공사, 외장 공사(리노베이션, 현 건물 재정비, 증축, 건설) 등을 위한 투자 대출은 인정할 수 있지만 에코뮤지엄의 일반적 기능(특히 인건비)은 지원할 수 없다. 유산국은 있는 그대로를 보호하고 보존하는 방법을 지시한다.
이 2개 부서의 활동과 병행해서 특별 활동에 대해서는 문화발전위원회가 행정 및 재정 계획을 수립하는 데 참여할 수 있다.
에코뮤지엄을 위한 국가의 지원은 참여할 수 있는 여타 부처들(산업, 환경, 대학, 농업, 교육, DATAR, 문화개입기금 등)을 연합할 수 있는 부처 간 상호 절차의 틀 속에서 마찬가지로 실행될 것이다.

에코뮤지엄 조성의 법적 근거는 박물관 조성 및 설립에 대한 일반 법규에 따른다. 2002년 박물관 관련 새로운 법령(La loi du 4 janvier 2002)이 제정됨으로써 '프랑스 박물관(Musée de France)'의 위상이 정립되었으며, 그 후에도 박물관 후원 정책, 박물관 전문 인력 양성 정책, 관람객 교육 및 서비스 정책이 시행되고 있다. FEMS 가입 박물관의 48%가 '프랑스 박물관'의 명칭을 얻고 국가의 승인을 받았다.

2002년 1월 '프랑스 박물관' 관련 법령이 공포됨으로써 프랑스 박물관에 대한 정의가 새로워지고, '박물관'이란 명칭을 얻는 절차가 까다로워졌다. 이 새로운 법령은 다음과 같다.

국가(Etat), 공공법인(Personne morale de droit) 또는 사단법인(Personne morale de droit privé)에 소속되어 있으며, 영리를 목적으로 하지 않는 박물관에 '프랑스 박물관(Musée de France)'이라는 명칭이 주어질 수 있다. 단, 소장품이 영구히 존속될 수 있고, 대중의 이익을 위해 보존·전시되며, 대중의 지식·교육·즐거움을 위해 전시되는 경우에만 프랑스 박물관으로 인정된다.(LOI n°

2002－5 du 4 janvier 2002 Article 1.)

2002년 법령 공포 전에는 국공립 박물관을 비롯해서 협회(association) 및 재단(fondation)뿐만 아니라 개인이 설립한 모든 박물관이 '박물관(Musée)'이라는 명칭을 사용했으나 2002년부터는 공공법인이나 사단법인에 의해 설립되고, 영리를 추구하지 않는 박물관에 한해 '프랑스 박물관 고등심의위원회(Haut Conseil des musées de France)'의 심의를 거친 후, 문화통신부 장관의 명령 또는 박물관이 소속되어 있는 부서 장관의 명령에 의해 '프랑스 박물관'이라는 명칭을 사용하게 되었다. 2002년 법령 및 2004년 시행령(Circulaire 2004/014)에, '프랑스 박물관' 명칭을 얻기 위해 거쳐야 하는 심의 과정에 대해 상세히 규정하고 있으며, 만일 사적인 영리 추구를 위한 활동을 한 경우에는 '프랑스 박물관' 명칭을 박탈당할 수 있다고 규정하고 있다. 2003년 이후의 박물관은 새로 정립된 개념에 해당되는 '프랑스 박물관'을 뜻하며, 2005년 기준으로 1,299개(2003년 1,171개, 2004년 1,188개)다.[71]

'프랑스 박물관'에 등록된 에코뮤지엄은 기본적으로 중앙 정부 문화통신부가 지원·관리하고, 지자체 관련 기관 및 비영리단체 연합으로 운영된다. 문화, 관광, 지역개발, 생태, 교육, 산업, 경제 등의 측면에서 협력적·융합적 형태의 정책이 수립되는데, 그 중심에 문화통신부가 있는 것이다. 특성상 지역 고유의 특정 환경에 기반을 두고 있으므로 에코뮤지엄 지원 범위와 형태도 다양하다.[72]

*****

71) 나애리, 「1980년대 이후 프랑스 박물관의 변화와 문화정책」, 프랑스문화예술연구, p. 70~71

72) 정부 지원 및 협력 부서 : Le Ministère de la Culture et de la Communication soutient les actions dans le cadre de conventionnements annuels avec la Direction générale des patrimoines et le Service des musées de France, Le Ministère des finances, de l'Économie et de l'Industrie ; DGCIS ; Service du tourisme, du commerce, de l'artisanat et des autres services ; sous-direction tourisme.

현재 프랑스에서는 뮤지엄이 국가를 비롯한 공공의 지원을 받기 위해서는 '프랑스 박물관'에 등록되어야 하고, 인증을 위한 절차를 밟고 승인을 얻고 명칭을 획득한 이후에만 공식적인 지원과 협력 작업이 이루어진다. 이로 인해 상대적으로 재정적 어려움을 겪는 지역 자생 비영리단체의 에코뮤지엄들은 문을 닫거나 '프랑스 박물관'에 등록되기 위해 노력하고 있다.

에코뮤지엄은 지향하는 목표와 지역적 특성이 중요하므로 설립 의도에 따라 공간적 범위가 매우 다양한 양상을 띠고, 유형유산뿐만 아니라 무형유산도 포함된다. 에코뮤지엄이 여러 지역에 산재한 박물관을 연계하는 방식의 네트워크 조직체로 운영되는 경우는 공간적 범위의 제한을 두기 어려우며, 점적·선적으로 연결되어 긴밀한 교류를 바탕으로 지역 전체에 대한 방문과 경험을 가능하게 한다. 에코뮤지엄은 위치한 지역의 환경과 밀접한 관련을 맺고 있으며, 지역 유산을 중심으로 교류·만남의 장이 되도록 각종 행사가 개최되고 테마별 전시 공간이나 실습 체험, 견학 등이 실내외 공간에서 다양하게 열릴 수 있다.

운영 주체도 에코뮤지엄의 성격과 내용에 따라 다양하다. 민간과 공공기관이 관계를 맺고 지방문화활동국(DRAC, 문화부 산하 지방 주재 부서), 광역 지역 정부, 지역박물관, 여러 기관 및 협회, 지역 주민 등이 연합하여 복합적인 운용 구조를 갖추고 있다. 기본적으로 지자체 코뮌이 대부분 운영을 담당하고 비영리시민단체, 각종 기념관협회, 광역 지역 문화국, 광역의회, 코뮌 연합공동체 등의 지원이 함께 이루어진다.

에코뮤지엄은 문화통신부 문화재국의 지원을 받고 운영 사항과 필수 충족 조건을 위해 노력하고 있는 사항을 정기적으로 보고해야 한다. 물적·프로그램적 지원을 받기 위해 문화부 방침에 따라야 하며, 전국 박물관과의 연합 및 협력 체계 속에서 상호 발전을 모색해야 한다. 유·무형 문화재에 해당하는 수장품의 보존·보전에 대한 박물관의 전통적 역할과 소임뿐만 아니라 교육, 참여 활동 등 다양한 프로그램의 적극적인 도입이 의무화되어 있다.

프랑스 에코뮤지엄은 탄생 시점의 목표와 달리 현재는 보다 확장된 의미로 적용됨으로써 여러 유형으로 분화됨을 알 수 있다. 설립 의도에 따라 에코뮤지엄의 공간적 범위는 매우 다양한 양상을 띤다. 그 범위는 정해진 것이 아니라 물레방아 건물이나 옛 주택 등에서부터 1,700㎢ 이상의 광범위한 농업 지역이나 자연녹지 지역을 대상으로 분산된 박물관들이 네트워크로 연계되는 방식을 취하는 경우에 이르기까지 규모의 제한이 없다는 것이 특징이다.

지역 주민의 주체적 참여가 강조된다는 점도 중요한데, 대부분의 프랑스 에코뮤지엄은 지역공동체 커뮤니티의 발의와 참여로 조직된 것이 많고, 지역경제 활성화에 주민의 자발적 참여가 작용했다는 것이 특징적이다. 에코뮤지엄은 박물관의 전통적인 기본 활동뿐만 아니라 자연유산 및 문화유산, 유형유산 및 무형유산 보존, 문화콘텐츠 활용과 발굴 등에 주민들의 참여가 어우러져 지역의 경제적 어려움을 타개하는 데 적극 관여되어 있다. 지역 산업의 지속적인 발전이 지역 활성화의 기반을 형성하도록 하는 역할을 에코뮤지엄이 담당하는 것이다.

에코뮤지엄들은 전시·교육·체험·연구 등의 다양한 활동을 계절별·주제별·거점별로 지속적인 프로그램을 가지고 운영하고 있으며, 이들을 결집하고 각양각색의 에코뮤지엄 간 교류를 증진하는 매개기관 역할을 '에코뮤지엄 및 사회박물관 연맹(FEMS)'이 주축이 되어 하고 있다. 프랑스의 에코뮤지엄은 다양한 체험과 교육 프로그램이 자원봉사자·에코뮤지엄 직원·마을 주민들에 의해 운영되고 있으며, 계절별 이벤트와 특별 전시 등이 지속적으로 열린다. 이러한 프로그램은 방문객에게 보통 유료로 제공되며, 그 수익금은 에코뮤지엄 운영비로 사용된다.

영국 사례

플로든 1513 에코뮤지엄(Flodden 1513)

'플로든 1513 에코뮤지엄'은 잉글랜드 최초의 에코뮤지엄으로, 1513년 발생한 잉글랜드-스코틀랜드 간 플로든(Flodden) 전쟁 500주년을 기념하기 위해 잉글랜드 북부 노섬벌랜드(Northumberland) 지역과 스코틀랜드 접경 지역을 중심으로 에든버러 등 핵심 지역 주변 곳곳에 산재해 있는 플로든 전쟁과 관련된 유산 자원을 연계하여 2011년 설립했다.

플로든 1513 에코뮤지엄은 영국 최초의 국경[73]을 넘어서는 에코뮤지엄

[그림 38] 플로든 1513 에코뮤지엄의 로고

*****

73) 잉글랜드-스코틀랜드의 접경을 의미한다.

이다. 스코틀랜드의 경우는 두 번째로 설립된 에코뮤지엄으로 기록되고 있으나, 잉글랜드에서는 최초로 실현된 에코뮤지엄으로 설립된 지 얼마 되지 않은 시작 단계의 에코뮤지엄이다.

플로든 1513 에코뮤지엄은 잉글랜드―스코틀랜드 간 평화 관계가 정착되는 데 중요한 역사적 분기점으로 기록되고 있는 '플로든 전쟁'이라는 핵심 주제와 연관된 유산 자원, 즉 교회, 성(Castle), 박물관, 교량, 전쟁장소 등 12개의 유산 자원을 에코뮤지엄으로 조성한 사례다. 여기에는 지역 주민은 물론 관련 지자체와 단체 등이 참여하였다.[74)]

플로든 1513 에코뮤지엄은 2008년부터 몇몇 지역 관계자들이 전쟁의 역사적 의의와 플로든 전쟁 500주년을 기념하기 위한 논의를 시작한 것이 그 출발점이 되었다. 2009년에는 에코뮤지엄 핵심 지역 인근에 위치한 뉴캐슬대학의 유산 및 문화 관련 현장 파견 학생 프로그램을 통해 이 지역에 파견된 학생이 80여 명의 지역 주민 관계자 리스트 작성 등 기초적인 조사를 시행하였다. 이후 이 리스트를 중심으로 '플로든 전쟁 500주년 추진위원회'를 구성하게 되고, 각종 이벤트를 개최하면서 에코뮤지엄 설립 준비가 본격화된다. 이후 추진위원회가 주축이 되어 EU LEADER 프로그램[75)]의 자금 지원을 받아 프로젝트 관리자를 채용하고 커뮤니티 공청회 등을 통해 이해 관계자와 지역 주민 등 지역사회의 관심을 결집하게 된다.

플로든 1513 에코뮤지엄은 EU LEADER 프로그램의 자금과 영국 유산복권기금(Heritage Lottery Fund)의 자금 지원[76)]이 있었기에 가능했다. 이러한

*****

74) 관련 지자체로는 Northumberland County Council, Scottish Border Council, Edinburgh City Council, 관련 단체로는 English Heritage, The Grendale Gateway Trust, Northumberland Uplands, Barmoor Castle Country Park, Ford & Etal이 참여하였다.

75) 1991년 도입된 유럽연합(EU)의 대표적인 농촌개발 프로그램으로 상향식의 지역 중심의 다양한 농촌개발사업을 지원하고 있다.

76) 유산복권기금에서 2013~2016년 4년간 총 87만 7,000파운드(약 15억 원)를 지원했다.

자금 지원을 통해 뉴캐슬대학 학생 1명을 추가로 파견 받아서 에코뮤지엄 조성을 위한 조사와 준비 작업을 지속하면서 관련 사업 발굴과 이해 관계자 리스트 보완작성 등을 하였다. 2011년 말에 이르러서는 최초 작성되었던 30개의 플로든 관련 프로젝트 리스트가 90여 개로 확대되었고, 지역 주민 관계자 및 관련 조직의 리스트도 최초 80개에서 대규모 조직 및 개인을 포함한 명단이 300여 개 이상으로 확대되는 등 에코뮤지엄 설립을 위한 준비가 지속되었다.

플로든 1513 에코뮤지엄은 처음에는 잉글랜드-스코틀랜드 접경 주변과 북부 노섬벌랜드(North Northumberland) 커뮤니티로부터 추천받은 20개 이상의 사이트 중 12개 사이트(잉글랜드 8개소, 스코틀랜드 4개소)의 플로든 전쟁 관련 유산을 지정하는 것으로 시작되었다. 이곳들은 모두 플로든 전쟁과 직접적으로 관련 있거나 전쟁관련 유산이 보존되어 있는 장소였다. 이후 2013년 플로든 전쟁 500주년을 기념해서 플로든 전쟁과 관련 있는 자원들에 대한 추가 발굴작업을 통해 공간적으로 더욱 확장되어 영국 전역에 걸쳐 총 40곳의 위성박물관이 에코뮤지엄 관련 사이트로 확대되었다. 이를 통해 1513년 플로든 전쟁과 관련된 이야기가 더욱 풍부해졌고, 에코뮤지엄의 외연도 확장되었다.

플로든 1513 에코뮤지엄 1단계의 12개 유산(위성박물관)

플로든 1513 에코뮤지엄은 잉글랜드 가장 북쪽 지역으로 스코틀랜드와 경계를 이루고 있는 북부 노섬벌랜드 지역을 중심으로 조성되었으며, 1단계로 12개의 주요 유산(satellite)이 네트워크를 형성하고 있다. 12개 유산 지역 중 5번(Coldstream Museum), 8번(Ladykirk Church), 11번(Fletcher Monument), 12번(The 플로든 성벽) 등 4곳이 스코틀랜드에 있고, 나머지 8곳은 잉글랜드에 있다.

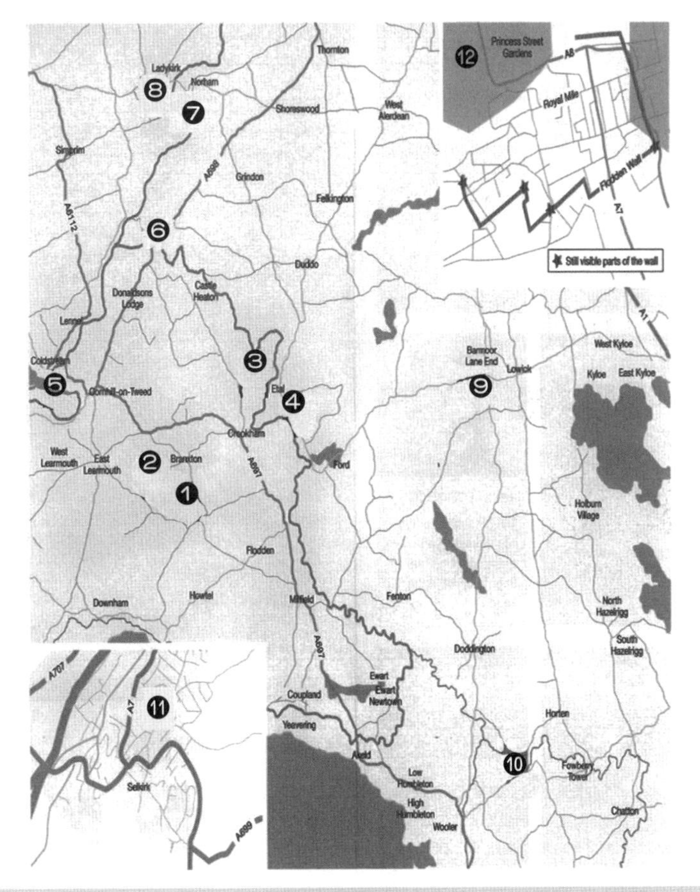

❶ 플로든 평원, ❷ 브랭스턴 교회, ❸ 에탈 성, ❹ 헤더슬로 방앗간, ❺ 트위젤 다리, ❻ 콜드스트림박물관, ❼ 노햄 성, ❽ 레이디커크 교회, ❾ 바무어 성문, ❿ 위트우드 다리, ⓫ 플레처 기념비, ⓬ 플로든 성벽

[그림 39] 플로든 1513 에코뮤지엄 1단계 12개 유산의 위치

플로든 평원(Flodden Field)

플로든 1513 에코뮤지엄의 가장 핵심적 장소로 1513년 9월 9일 스코틀랜드 국왕이었던 제임스 4세와 잉글랜드 국왕 헨리 8세를 대신해 군대를 지휘한 서리(Surrey) 백작 간에 격렬한 전쟁이 이루어졌던 전쟁터다. 이날 하루 동안의 전투로 스코틀랜드는 국왕과 1만 명 이상의 군사가 전사했고, 잉글랜드도 2,000명 이상이 전사함으로써 포격전과 활·창·칼로 이루어진 이날의 혈투가 얼마나 격렬했었는지 짐작할 수 있다. 하지만 지금의 플로든 평원의 모습은 조금 가파른 구릉지의 평범한 영국의 전원적인 농촌경관을 연출하고 있을 뿐이다. 다만 플로든 평원에는 1910년 전쟁 400주년을 맞아 당시의 유적과 흔적을 기념하는 플로든 전쟁 기념비가 세워져 있어 500년 전의 격렬한 전투를 기억하게 하고 있다.

[그림 40] 플로든 평원의 전경과 플로든 전쟁 기념비

브랭스턴 교회(Branxton Church)

플로든 평원 인근에 위치한 교회로, 원래 중세에 건축된 세인트 폴 교회가 있던 장소에 1849년 재건축에 가까운 대규모 개·보수가 이루어져 오늘날의 교회 건물로 남아 있다. 플로든 전쟁 당시 수많은 전사자들의 임시 안

[그림 41] 브랭스턴 교회 전경

치소 역할을 하였으며, 이후 교회 앞마당이 몇몇 희생자들의 묘소로 사용되었다. 스코틀랜드 군사를 이끌었던 제임스 4세 왕도 이곳에 임시 안치되었다가 이후 런던으로 이관되었다.

플로든 전쟁

1513년 스코틀랜드 제임스 4세와 잉글랜드 헨리 8세 간의 오랜 갈등으로 인해 발생, 잉글랜드 · 스코틀랜드 · 프랑스 · 바티칸 · 이탈리아 등 서유럽국가 간의 견제와 상호 연합 등 복잡한 국제관계 속에서 프랑스와 연합협정을 체결한 스코틀랜드가 프랑스의 요청으로 잉글랜드를 침략한 전쟁이다. 당시 프랑스와 전쟁 중이던 잉글랜드는 바티칸, 이탈리아 베니스 등과 연합협정 관계에 있었다. 평화협정과 잉글랜드 공주와 스코틀랜드 왕의 결혼으로 한동안 평화가 유지되었지만 양국관계는 결혼 지참금과 관련된 내재된 갈등이 표출되면서 평화협정이 파기되었고, 이후 스코틀랜드가 프랑스와 새로운 협정을 체결하면서 잉글랜드 북부 지역인 노섬벌랜드 지역을 침략하였다. 스코틀랜드 국왕 제임스 4세와 100여 명의 귀족, 스코틀랜드 인 1만 명 및 서리(Surrey) 백작이 이끌던 잉글랜드 군사 2,000~3,000명 등 대규모 전사자[77]가 발생한 비극적인 전쟁이다.

*****

77) 플로든 전쟁의 정확한 전사자에 대한 기록은 없고, 스코틀랜드에서 1만~2만 명, 잉글랜드에서 1,500~5,000명 정도 전사자가 있었던 것으로 추정된다.

에탈 성(Etal Castle)

[그림 42] 에탈 성 정면과 측면 전경

에탈 성은 13세기에 처음 건설되었으나 14세기에 스코틀랜드의 침공에 대비해 기존의 목책이 석축 등으로 보강되는 등의 변화를 거쳐 오늘날의 모습으로 요새화되었다. 플로든 전쟁에 앞서 제임스 4세의 침공으로 스코틀랜드 군대의 요새가 된 에탈 성은, 한쪽에는 틸(Till) 강이 있고 서쪽에는 틸 강을 건널 수 있는 다리가 있어 잉글랜드의 동쪽 측면 공격을 방어하기에 적합한 요새였다. 플로든 전쟁이 끝난 후에는 잉글랜드가 이 성을 탈환하여 무기 등을 보관하는 등 잉글랜드-스코틀랜드 국경 지역의 잉글랜드 군사 주둔지로 사용되었다.

이곳에 에코뮤지엄이 조성된 뒤에는 에탈 성을 중심으로 지역 커뮤니티가 주최하는 10km 강 수영하기와 자전거, 진흙길 달리기 등의 브레이브 러너(Brave Runner) 기념행사를 개최(2014년 9월)하기도 하는 등 체험행사 장소로 이용되고 있다.

헤더슬로 방앗간(Heatherslaw Mill)

[그림 43] 헤더슬로 방앗간 전경

틸 강변에 있는 헤더슬로 방앗간은 정확히 언제 만들어졌는지 명확하지 않으나 1306년 이전으로 거슬러 올라간다는 기록이 있으며, 적어도 13세기 이전부터 현재의 자리에 있었다고 전해진다. 이 방앗간은 13세기부터 700년 이상 중단 없이 강변에 위치한 물레방아가 옥수수 등 곡식을 빻는 역할을 수행하고 있으며, 현재의 건물은 1830년대에 재건축되어 오늘에 이르고 있다.

헤더슬로 방앗간은 1513년 플로든 전쟁 기간 동안 잉글랜드-스코틀랜드 양쪽 병사들에게 밀가루 등 식량을 제공했으며, 양국 간 오랜 침공의 역사에도 불구하고 파손되지 않고 보존돼 오고 있다.

트위젤 다리(Twizel Bridge)

플로든 전쟁 2년 전인 1511년 건설된 트위젤 다리는 당시 틸 강 양쪽의 트위드(Tweed)와 에탈(Etal) 지역을 연결하는 유일한 다리였으며, 1513년 9월 9일의 플로든 전쟁 당일 잉글랜드 군사 1만여 명과 대포 등이 이 다리를 건너 플로든 평원으로 향했다.

다리 아치의 너비가 27m에 달해 1511년 건설 당시부터 1727년까지 단일 아치 길이로는 영국에서 가장 큰 아치로 기록되었다고 한다. 현재는 이 다리 바로 옆에 차량용 다리(철교)가 새로 건설됨으로써 트위젤 다리는 인도용과 유적의 역할만 하고 있다.

[그림 44] 트위젤 다리 전경

콜드스트림 박물관(Coldstream Museum)

콜드스트림 박물관은 잉글랜드-스코틀랜드 국경인 트위드 강변에 위치해 있는 콜드스트림(Coldstream)[78]이라는 작은 마을에 위치한 박물관이다. 플로든 전쟁 당시에는 이곳에 작은 수도원이 있었고, 전쟁에서 전사한 스코틀랜드 귀족들의 시신을 이곳으로 옮겨 왔다고 한다. 플로든 전쟁 이후에도 잉글랜드-스코틀랜드 간 분쟁 시 스코틀랜드 군대의 주요한 거점이었으나, 현재는 마을의 작은 박물관 역할을 하고 있다.

*****

78) 인구 1,800여 명의 작은 마을인 콜드스트림은 잉글랜드-스코틀랜드 간 많은 전쟁에서 스코틀랜드 군대의 주요 거점이었으나 현재는 평범하고 조용한 농촌 마을의 모습이다.

[그림 45] 콜드스트림 박물관 전경과 주변 가로의 전경

노햄 성(Norham Castle)

국경인 트위드 강변의 군사적 요충지에 입지해 있는 노햄 성은 잉글랜드-스코틀랜드 간 전쟁에서 잉글랜드의 주요한 군사 거점 역할을 하였으며, 스코틀랜드가 최소 13차례 이상 침략과 탈환을 반복한 역사가 있어 영국에서 가장 위험한 장소로 불려지기도 하였다.

[그림 46] 노햄 성의 전경과 출입구 전경

노햄 성은 12세기에 더럼(Durham)의 주교(bishop)에 의해 처음 건축되어 100여 년 동안 보강된 뒤 오늘날의 모습이 되었다. 1513년 8월 마지막 주에 스코틀랜드 제임스 4세에게 함락되어

플로든 전쟁 기간 동안 스코틀랜드의 전쟁물자 공급선을 지키는 역할을 하였으며, 스코틀랜드 군대의 동쪽 편대를 보호하는 역할도 수행하였다.

플로든 전쟁을 통해 잉글랜드에게 탈환된 뒤 잉글랜드의 군사적·전략적 요충지로서 중요한 역할을 한 성으로 기록되고 있으나 1603년 잉글랜드-스코틀랜드가 연합 왕국[79)]이 된 이후에는 점차 기억에서 사라지게 된다.

레이디커크 교회(Ladykirk Church)

잉글랜드-스코틀랜드 국경인 트위드 강 바로 북쪽에 위치한 작은 마을 레이디커크(Ladykirk)에 있는 이 교회는 후기 스코티시 고딕양식으로 건축되었으며, 1490년대 후반 스코틀랜드 왕 제임스 4세가 잉글랜드 노섬벌랜드 지역을 공격한 후 건축, 봉헌하였다.

이 마을의 원래 이름은 업세틀링턴(Upsettlington)이었으나 제임스 4세가 레이디커크로 변경했다고 하며, 트위드 강 건너편의 노햄 성과 마주보

[그림 47] 레이디커크 교회 전경과 교회 안내판(에코뮤지엄 안내판)[80)]

*****

79) 1603년 후손이 없던 잉글랜드 여왕 엘리자베스 1세가 자신의 먼 친척이었던 스코틀랜드 제임스 6세를 후계자로 지목하면서 양국은 오랜 국경분쟁에 종지부를 찍고 연합 왕국이 된다. 이어 1707년 스코틀랜드 의회가 잉글랜드 의회에 합병되면서 공식적으로 연방국가로 재탄생한다.

80) 플로든 에코뮤지엄의 1단계 12개 유산(위성박물관)에 모두 이와 같은 안내판이 표시되어 있다.

고 있어 제임스 4세가 1496년 노햄 성을 포위공격할 때 스코틀랜드 포부대의 주요 입지가 된 장소였다. 이러한 군사적 입지와 제임스 4세의 관심으로 마을 규모에 비해 큰 규모로 건축된 레이디커크 교회에는 지금도 제임스 4세의 흉상이 보관되어 있다. 스코틀랜드에서 몇 안 되는, 지붕이 돌로 된 교회 건축물이다.

바무어 성문(Barmoor Castle Gate)

바무어 성(Barmoor Castle)은 잉글랜드 군대가 스코틀랜드로 진격 시 거쳐 가는 주요한 캠프로서의 역할을 오랫동안 해 왔고, 플로든 전쟁 전날 밤에도 잉글랜드 군대 캠프가 설치된 곳이다. 이러한 역사적인 장소임을 기억하고 기념하기 위해 2010년 현대적인 디자인의 바무어 성 주출입구에 잉글랜드 군대의 휘장이 새겨진 철제문을 설치하였다.

[그림 48] 바무어 성문 전경과 성문의 철제 휘장

바무어 성은 현재 사용되지 않고 방치돼 있으나 보수가 추진 중에 있으며, 성의 부속 건물과 영지 내에 있는 넓은 잔디밭에는 이제는 군대 캠프가 아닌 휴양객을 위한 방갈로 형식의 숙박시설이 설치·운영되고 있다.

위트우드 다리(Weetwood Bridge)

위트우드 다리는 잉글랜드 노섬벌랜드의 작은 마을인 울러(Wooler) 지역 인근 평원에 있는 중세시대 다리이다. 잉글랜드 군대가 플로든 전쟁을 하기 위해 1513년 9월 6일 틸 강을 건널 때 사용한 다리로, 대포 같은 무거운 무기를 운반하는 데 중요한 역할을 했다고 한다. 현재는 소형 차량용·인도용으로 사용되고 있고, 마을과 떨어진 평원 한가운데 위치해 있어 플로든 전쟁과 관련된 역사적인 장소로서의 인지가 쉽지 않고 역사적인 유산으로서의 안내 시설도 정비되지 않은, 평범한 농촌 마을의 일부를 이루고 있다.

[그림 49] 위트우드 다리 전경과 주변 경관

플레처 기념비(Fletcher Monument)

플로든 전쟁 400주년을 기념하여 1913년에 세운 플레처 기념비는 잉글랜드-스코틀랜드 간 역사적인 국경 도시인 셀커크(Selkirk) 마켓플레이스의 주요 가로변에 있다. 수많은 전사자를 낸 플로든 전쟁에 참가했다가 셀커크 출신으로는 유일하게 생존해서 귀환한 한 병사를 기리기 위해 마을 중심부에 이 기념비를 세웠다고 전해진다.

[그림 50] 플레처 기념비 전경

플로든 성벽(Flodden Wall)

플로든 성벽은 스코틀랜드 수도 에든버러에 위치한 에든버러 성의 성벽으로 에든버러 남측면 방어를 위한 것이었다. 플로든 전쟁 70년 전 건설되었으나 플로든 전쟁 후인 1513년 9월 잉글랜드의 추가적인 침공에 대비해 수도인 에든버러 방어를 위해 대규모 보수가 이루어졌다.

이 성벽은 플로든 전쟁 격전지였던 플로든 평원에서 90㎞ 정도 북쪽에 위치한 에든버러에 위치해 있어 플로든 1513 에코뮤지엄의 1단계 12개 유산 중 가장 멀리 있고, 에든버러 성이 스코틀랜드 수도인 에든버러의 주요 관광지여서 관광객이 붐비고 있으나 에코뮤지엄과의 연계는 미약한 편이다. 에든버러 성 자체가 독자적인 관광지로 운영되는 측면이 강하나 플로든 전쟁과 관련된 기록과 흔적이 에든버러 성과 박물관 등에 산재해 있어

[그림 51] 플로든 성벽과 에딘버러 성의 전경

플로든 전쟁의 주요 기념 장소로 기능하고 있다.

플로든 1513 에코뮤지엄은 2013년 플로든 전쟁 500주년을 기념하여 1단계 12개 유산 지역에 Bolton Chaple, Hume Castle, Wark Castle, Stirling Castle, Castle Semple, Linlithgow Palace, Middleton Church, Traquair House, The Mary Rose, Berwick Upon Tweed, Flodden Peace Center, Abbotsford, Ellemford, Ford, Kelso, Swisston Kirk, Whithorn, Framlingham 등이 추가되면서 40여 곳으로 수량적·공간적으로 확장되었으며, 대부분의 유산 지역이 지역 커뮤니티에 의해 운영되고 있다.

잉글랜드 최초의 에코뮤지엄으로 평가받고 있는 플로든 1513 에코뮤지엄은 외연적·내용적 성장을 지속하고 있는 에코뮤지엄의 모습을 보여 주고 있으며, 공간적으로도 1단계 12개의 유산을 시작으로 에코뮤지엄의 네트워크를 확장해 가고 있다. 아직은 초기 단계지만 잉글랜드-스코틀랜드에 걸쳐 있고, 점차 네트워크를 확장하여 광역적으로 확대되고 있는 플로든 1513 에코뮤지엄의 향후 추이를 다양한 측면에서 주목해볼 필요가 있다.

거점 박물관이 없는 플로든 1513 에코뮤지엄은 플로든 전쟁이 있었던 플로든 평원이 가장 핵심적인 장소로서 역할을 수행해야 하지만 박물관 건축이나 관련 시설 등의 신규 설치는 이루어지지 않았고, 추진위원회는 방문자 센터 등의 건축보다는 현재 그대로의 상태에서 점진적으로 변화하며 발전해 가는 방안을 선택하였다.[81]

1단계 12개 유산을 비롯한, 플로든 전쟁과 관련된 소규모 장소들이 각각 독립적 형태로 운영되고 있고, 장소들 간의 연계도 조금 느슨한 상태다. 시설에 따라 지역 주민 커뮤니티에 의해 운영·관리되는 곳도 있고, 에탈 성과 노햄 성처럼 잉글리쉬 헤리티지(English Heritage) 같은 대규모 전국적인 조직하에 독립적·독자적으로 운영·관리되는 곳도 있다. 이렇게 각 시설이 자율적으로 관리되는 측면이 강하다 보니 시설들 간 연계와 협력 체계는 미흡한 상태다.

주민들의 참여도 초기부터 추진위원회 등을 구축하여 점진적으로 발전해 가고 있으나 아직은 에코뮤지엄의 많은 시설이 주민 커뮤니티보다는 관련 지자체와 단체에 의해 관리되고 있는 상태다. 플로든 전쟁과 관련된 소규모 행사 프로그램을 운영하고 있지만 활발하게 운영되는 것은 아니며, 소규모 교육프로그램 정도 운영하고 있는 실정이다.

에코뮤지엄 방문객도 에든버러 성에 있는 플로든 성벽을 제외하고는 1년에 수천 명 정도 방문하는 것으로 관계자들이 제시하고 있으나 각각의 시설이 별도로 운영되는 관계로 정확한 집계는 이루어지고 있지 않다.

*****

81) 수억에서 수십억에 이르기까지 총 사업비 규모에 상관없이 사업비를 받으면 우선 대규모 건물부터 신축하고 사업 프로그램은 이후에 고민하는 우리나라 현실과 무척 대조적인 모습이다.

영국 에코뮤지엄의 특성

영국은 에코뮤지엄이라는 용어를 사용하는 데 다소 어려움이 있었다. 이웃 국가인 프랑스에서 1970년대에 에코뮤지엄이 최초로 주창된 뒤 80여 개 에코뮤지엄이 활발히 설립·운영되고 있는 데 비해, 지리적으로 매우 가깝고 교류가 빈번한 영향권 내에 있음에도 1세대가 훨씬 지난 2011년에 이르러서야 비로소 최초의 에코뮤지엄이 나타난 현실 자체가 영국에서 에코뮤지엄이 차지하고 있는 위상을 말해 준다고 할 수 있다.

영국에서 에코뮤지엄이 발달하지 못한 또 다른 이유로 에코뮤지엄 개념이 영국과 복잡한 관계에 있는 프랑스에서 유래된 것도 있지만, 에코뮤지엄이 주창하는 개념과 기존 박물관들의 현실과 괴리가 있었기 때문이라는 주장도 있다.

한 예로, 영국 아이언브리지(Ironbridge) 박물관[82]의 경우 에코뮤지엄 개념의 도입을 검토하였으나 결국 에코뮤지엄이란 명칭을 사용하지 않기로 최종 결정하였는데, 그 이유에 대해 이 박물관 수석 큐레이터는 다음과 같이 설명했다.

우선 에코뮤지엄이 주창하는, 지역 주민이 주체가 되고 에코뮤지엄이 지역 주민에게 집중해야 한다는 개념의 경우 영국 지역 주민들은 박물관의 중요한 일부가 되는 것을 탐탁지 않게 생각한다는 문제가 있었다. 또 다른 이유는 아이언브리지의 경우 지역 차원이 아닌 전국 단위의 관광 명소를 지향하고 있었고, 나아가 전 세계 관광객이 방문하는 관광 명소로 발전시키고자 하는 의도가 있었기 때문에 에코뮤지엄이 주창하는 지역 차원의 박

*****

82) 아이언브리지 박물관은 잉글랜드 중부 지방인 버밍엄 서쪽에 있는 텔퍼드(Telford) 인근에 있다. 'Iron bridge'는 세계 최초의 철제다리로 산업혁명의 상징이기도 하다. 세계유산(World Heritage Site)으로 등재되어 있다.

물관과는 맞지 않는다는 이론과 현실 간 괴리가 있었다. 그러나 이것은 박물관 큐레이터 등 박물관 관계자들의 에코뮤지엄 개념 및 철학에 대한 오해와, 실용적인 것을 중시하는 영국인들의 편견 때문이라는 주장도 있다.

에코뮤지엄이 주창되고 활발하게 설립된 프랑스 이웃에 위치해 있음에도 불구하고 영국에서 에코뮤지엄은 1990년 이전에는 그다지 주목받지 못했고, 야외 박물관(Open Air Museum), 민속박물관(Folk Museum)이라는 명칭이 오히려 에코뮤지엄보다 일반적인 이름이었다. 1990년대 후반에 이르러서야 박물관 관련 잡지에 에코뮤지엄 기사가 많이 실리고 에코뮤지엄 관련 국제회의 등이 개최되면서 영국에서도 비로소 에코뮤지엄에 대한 관심이 증가하게 된다.

스코틀랜드에서는 소규모 박물관들이 에코뮤지엄이란 용어를 사용하지는 않지만 지역 유산과 전통산업, 기록물 등을 보전·전시하면서 에코뮤지엄과 유사한 개념과 철학을 기반으로 오랫동안 운영되고 있다. 한 예로 스코틀랜드 이스데일 섬(Easdale Island)에 위치한 이스데일 섬 민속박물관(Easdale Island Folk Museum) 지역은 1980년 지역 커뮤니티가 주체가 되어 지역 커뮤니티 소유의 작은 건물에 지역 전통산업이던 슬레이트 관련 산업의 기록과 스코틀랜드 지역의 독특한 자연환경과 슬레이트 관련 산업의 야외 유적, 지역 주민들의 삶의 양식 등이 전시된 박물관을 개관·운영하고 있다. 에코뮤지엄이 주창하는 기본적인 개념과 철학은 유사하지만 에코뮤지엄이라는 용어를 사용하지는 않는다.

앞서 말한 바와 같이 1990년대 후반부터 영국에서 에코뮤지엄에 대한 관심이 증가하면서 다양한 시도들이 나타났다. 잉글랜드 남서부 글래스턴베리(Glastonbury) 지역은 영국 최초의 에코뮤지엄을 표방한 애벌론(Avalon) 에코뮤지엄 조성을 위한 'Avalon 2000'을 밀레니엄 프로젝트로 추진한 바 있다. Avalon 2000은 지역의 수면과 습지 지역의 지리적 환경을 보전하고 관련 정보 수집, 교육, 연구 등을 위한 거점 박물관으로서의 가치를 지니기는 하였으나 지역 주민들의 참여 등이 배제된 상태에서 추진되는 등 에코뮤지엄의 본질보다는 에코뮤지엄의 기치 아래 지역 개발과 마케팅 수단으로 활용하고자 하는 것에 대한 비판적 시각으로 인해 결국 정부 등의 투자를 받지 못해 에코뮤지엄으로 실현되지는 못했다. Avalon 2000에 대해 긍정적, 부정적 평가가 엇갈리고 있지만 에코뮤지엄 조성 시도 자체에 대한 가능성을 보여 준 사례로 가치가 있다고 볼 수 있다.

이처럼 영국에서는 에코뮤지엄의 가장 중요한 요소인 지역 주민이 배제된 상태에서 전문가 주도의 에코뮤지엄 조성 계획을 추진하는 등 에코뮤지엄 원칙에 역행하는 유사 에코뮤지엄(Pseudo-Ecomuseums) 현상에 대한 비판과 논란이 10년 정도 이어진 후 2007년에야 비로소 에코뮤지엄이 나타나게 된다.

영국 최초의 에코뮤지엄이 어느 곳이냐에 대해서는 다소 논란이 있으나, 영국의 전통적인 실용적 분위기와 프랑스와의 오랜 역사적·지정학적 역학 관계 등으로 인해 영국 최초의 에코뮤지엄은 잉글랜드가 아닌 스코틀랜드에서 처음으로 조성된다. 즉, 스코틀랜드 북서부에 위치한 세우만난-스태핀(Ceumannan-Staffin) 에코뮤지엄이 영국 최초의 에코뮤지엄으로 알려져 있다.

세우만난 – 스태핀 에코뮤지엄은 스코틀랜드 서부 해안 지역에 위치해 있으며 해안 절벽과 초지, 공룡 발자국 유적, 기암괴석(돌기둥), 식물, 농업, 고고학적 유적 등 13개의 가치 있는 경관적·역사적·문화적 지역 자산을 연계하여 조성하였다. 지역 주민들이 에코뮤지엄 프로젝트의 주체가 되어 13년 전부터 준비하였으며 커뮤니티 의회, 주민 자원봉사자 등으로 구성된 주민 조직인 스태핀 커뮤니티 트러스트(Staffin Community Trust)를 중심으로 스태핀 지역을 에코뮤지엄으로 조성하기 위한 다양한 조사·연구 활동에 참여하는 등 지역 커뮤니티의 기초 인프라를 향상시키고자 에코뮤지엄 조성에 노력했다고 한다.

세우만난 – 스태핀 에코뮤지엄은 여러 개의 분절된 지역 자원을 연결하고 있고, 에코뮤지엄 프로그램에 지역 주민이 참여하는 등 에코뮤지엄이 갖추어야 할 기본적인 원칙을 성공적으로 갖추고 있는 것으로 평가받고 있고, 이 뮤지엄을 통해 영국에서도 에코뮤지엄 명칭과 개념이 받아들여지고 있다는 것을 확인할 수 있다. 이후 영국에서는 그레이트 노스 뮤지엄(Great North Museum) 등 몇몇 박물관이 에코뮤지엄의 철학을 받아들이고 지역 주민 참여와 지역자산을 중시하는 등 긍정적 흐름이 나타나고 있다는 시각이 있는 반면, 2008년 글로벌 경제 위기 이후 영국 지자체들이 박물관을 지역 커뮤니티에 돌려주는 것은 예산 절감을 위한 것이라는 상반된 시각도 있다.

플로든 1513 에코뮤지엄 사례에서 확인할 수 있는 것처럼 영국의 에코뮤지엄은 아직 시작 단계에 있다. 물론 에코뮤지엄과 유사한 형태의 박물관은 많이 있어 왔고 영국적 콘텍스트에서 에코뮤지엄이 애써 무시돼 온 측면이 강했지만 에코뮤지엄이 지향하는 가치와 철학의 중요성이 영국에서도 에코뮤지엄의 태동과 발전을 가져오고 있다.

주민들의 자발적 참여를 기반으로 오랜 준비 기간을 거쳐 점진적으로 발전해 가는 지속 가능한 방식으로 에코뮤지엄을 설립·운영하고 있다는 점도 중요한 시사점이다. 대규모 사업, 대규모 건축을 통한 혁신적인 변화보다는 주민들 스스로 추진위원회를 조직하고 외부의 인적·물적 지원을 이끌어내며 지역 커뮤니티의 점진적 발전과 지속 가능성을 고려한 변화를 추구하는 실리적인 접근 방식도 우리에게 시사하는 바 크다.

오랜 전통과 많은 유산 자원을 보유하고 있고, 지역 주민들의 커뮤니티 의식과 지역 커뮤니티의 의사 결정권이 점차 강화되고 있는 영국의 계획 제도 변화의 흐름에 비추어 보면 향후 영국에서 에코뮤지엄 형태의 유산을 보전하는 활동의 확산 가능성은 매우 크며, 무한한 가능성을 지니고 있다. 다만 유산의 보전·관리를 향한 움직임이 에코뮤지엄 혹은 야외 박물관, 민속박물관 등 어떠한 형태로 진화해 갈 것인지 현재로서는 예측하기 어렵다. 하지만 에코뮤지엄이 지향하는 있는 주민이 주체가 되어 지역의 다양한 유산을 네트워크화하여 이를 연구하고 전시, 교육하며 유산을 보전하는 활동은 어떠한 형태로든 영국의 지역 유산 보전·관리에 매우 긍정적 영향을 미치며 점차 발전되어 갈 것으로 예상된다.

제5장
농어촌유산에 에코뮤지엄 개념의 적용

농업유산형 에코뮤지엄

충남 금산군 인삼

중심 에코뮤지엄과 위성 에코뮤지엄

농업유산형 에코뮤지엄의 하나로 충남 금산군을 대상지로 선정하였다. 금산군은 인구 약 5만 6천 명의 인삼의 고장으로, 고려인삼의 종주지이자 유통의 중심지로 명성을 쌓아 왔다. 인삼을 최초로 재배했던 개삼터가 있으며, 특히 금산읍은 고려인삼의 집산지로서 전국 인삼의 80%가 유통되고 있다. 금산군 곳곳에는 인삼을 재배하는 농가들이 분포하여 인삼 경작을 하는 풍경을 쉽게 볼 수 있다. 따라서 금산군 에코뮤지엄을 조성함에 있어 금산군 전체를 대상으로 하는 것이 바람직 할 것으로 판단된다.

중심 에코뮤지엄으로는 금산인삼 약령시장 일대를 선정하였다. 인삼·약초 상가들이 밀집해 있는 '인삼의 거리'는 앞서 언급한 바와 같이 전국 인삼 생산량의 80%가 거래되는 국내 인삼 유통의 중심지이며, 세계적 규모의 인삼시장이다. 금산약초시장·수삼센터·인삼전통시장·인삼종합

[그림 1] 수삼시장

[그림 2] 인삼시장 거리

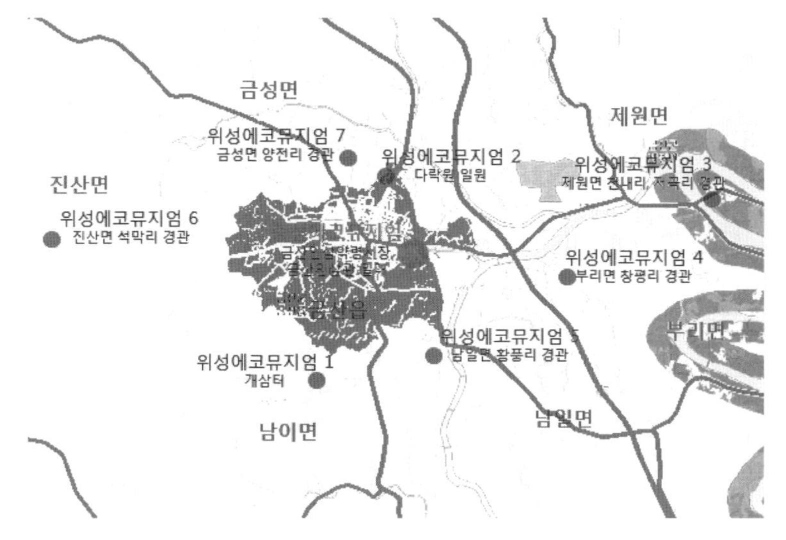

[그림 3] 중심 에코뮤지엄과 위성 에코뮤지엄 선정(전통 농업형)

쇼핑센터 등이 밀집해 있으며, 인삼튀김·인삼막걸리 등 인삼 관련 식품 또한 접할 수 있다. 인접해 위치한 금산인삼관은 금산인삼의 우수성을 국내외에 홍보하기 위하여 1998년 5월 개관 운영 후, 2006년 6월 리모델링을 통하여 새롭게 개관하였다. 금산인삼관과 연접하여 금산 국제인삼 약초연구소·금산인삼농협·금산 직판장이 함께 위치해 있으며, 이곳은 금산세계엑스포·금산인삼축제가 열리는 곳으로, 금산인삼의 중심이다.

[그림 4] 개삼각 전경

[그림 5] 개삼터 삼장제 모형

[그림 6] 다락원 전경

[그림 7] 금산향토관

첫 번째 위성 에코뮤지엄으로는 개삼터를 선정하였다. 개삼터는 금산에서 최초로 인삼을 심은 곳으로 충남 금산군 남이면에 위치하고 있으며, 고려인삼의 종주지라는 중요성을 가지는 곳이다. 병든 홀어머니를 낫게 하기 위해 산신령으로부터 암시를 받아 붉은 열매의 뿌리를 달여먹여 병을 깨끗이 낫게 했다는 강씨 성을 가진 선비(강 처사)의 이야기에서 비롯된 것으로, 개삼터에서는 이러한 전설을 모형으로 재현해 놓았다. 개삼터에서는 산신령과 강 처사에게 감사를 표하며 풍년을 기원하는 개삼제를 매년 금산인삼축제 기간에 지내고 있다.

두 번째 위성 에코뮤지엄으로는 다락원 일대를 선정하였다. 다락원은 금산의 문화복지건강센터이며 청소년의집, 문화의집, 노인의집, 여성의집,

농민의집이 함께 위치해 있어 지역의 노인, 청소년, 여성 등이 자연스럽게 모이는 지역 커뮤니티의 중심 장소이다. 뿐만 아니라 금산향토관, 지구촌 생활민속박물관, 금산스포츠센터, 도서관 등이 함께 위치하고 있다.

세 번째부터 일곱 번째 위성 에코뮤지엄은 금산 지역 곳곳에서 볼 수 있는 인삼 재배지로서 경관이 우수한 곳을 각각 선정하였다. 순서대로 제원면 천내리·저곡리 일원, 부리면 창평리 일원, 남일면 황풍리 일원, 진산면 석막리 일원, 금성면 양전리 일원이다. 인삼은 생육 특성상 차광망을 씌워야 하므로 여타 작물의 재배 방식과는 시각적으로 큰 차이를 보인다. 특히 짚풀 차광망에서 흑색의 PE 차광망으로의 농업기술의 개선은 인삼밭을 더욱 더 주변 농경지와 차별화시키는 요인으로 작용하며, 나아가 가지런하게 정렬되어 있는 인삼포 경관은 국내뿐만 아니라 세계적으로도 쉽게 찾아보기 어려운 금산 지역만의 독특한 전통 농업자원이다.

계획 방향

에코뮤지엄의 공통의 목적은 지역 주민의 정체성 회복에 있다. 전통 농업형 에코뮤지엄으로서 금산군 에코뮤지엄의 계획 방향 또한 인삼이라는 전통 농업유산의 생산과 유통에 따른 보전과 활용의 균형을 취하여 궁극적으로 지역 주민들의 자긍심을 고취시키는 것을 주 목적으로 하였다. 에코뮤지엄 성공을 위한 핵심인 추진 체계의 경우, 중심 에코뮤지엄인 금산인삼약령시장 일대와 금산인삼관의 경우에는 유형, 무형 자원 간의 연계를 통한 활용의 개념을 강화하는 방향으로 하며, 개삼터 시배지의 경우에는 전통의 보전과 활용의 균형, 다락원은 다락원의 주민조직과 인삼시장조합 상인회가 중심이 되도록 유도하였다. 마지막으로 금산군 곳곳에 위치한 인삼 재배지의 경우에는 인삼농업의 지속 가능성을 위한 보전과 경관자원의 활용에 초점을 맞추었다.

다만 중심 에코뮤지엄, 위성 에코뮤지엄 모두 신규 시설 설치를 지양하고 지역 특성을 살려 기존 시설 활용을 전제로 하였으며, 이를 바탕으로 중심 에코뮤지엄과 위성 에코뮤지엄 간을 효과적으로 연계시킬 수 있도록 계획 방향을 정하였다.

[그림 8] 제원면 인삼밭 경관

[그림 9] 진산면 인삼밭 경관

[그림 10] 금성면 인삼밭 경관

[그림 11] 부리면 인삼밭 경관

[그림 12] 남일면 인삼밭 경관

중심 에코뮤지엄

중심 에코뮤지엄인 금산약령시장 일원은 금산군에서 생산되고 있는 인삼은 물론, 전국적으로 생산되는 인삼들이 유통되는 전국 인삼 유통의 중심지로 현재 700여 개에 달하는 인삼 점포가 활발하게 영업을 하고 있다. 이러한 인삼 유통 상권의 지속적 발전을 위한 지원 방안을 발굴하는 것이 중심 에코뮤지엄에 있어 가장 중요한 요소 중 하나일 것이다.

우선적으로 현재 활성화되어 있는 인삼 유통의 기능을 더욱 발전시키기 위해, 인접한 금산인삼관 등 주변 시설을 최대한 활용하여 금산인삼의 우수성을 알릴 수 있는 효율적인 추진 체계를 구축해야 할 필요가 있다. 가장 중요한 것이 지역 상인회와 행정, 주민들이 유기적인 추진 체계를 구축하여 지속적인 문제점 발굴, 개선 및 지원 방안, 향후 발전 계획 등을 지속적으로 논의할 수 있도록 지원해 주는 것이다. 뿐만 아니라 인삼과 연계한 무형자원(금산 농악)이나 인삼을 활용한 연계 상품(인삼백주, 금산 농악, 수삼고추장, 수삼 튀김 등) 개발을 강화하여 금산인삼의 브랜드 가치를 점점 높여 나갈 필요가 있다. 또한 금산인삼의 고유성을 복원하고 계승하기 위해 관계 전문가와 함께 국제, 국내 학술 교류를 추진하는 것이 금산인삼의 브

[그림 13] 수삼시장

[그림 14] 수삼시장(농협) 내부

랜드 가치 제고에 긍정적인 영향을 줄 수 있다. 덧붙여 금산인삼 재배기술의 지속성 확보를 위해 인삼 전업농을 지속적으로 육성하고 지원해 주는 프로그램을 계획에 반영하는 것이 바람직하다.

하드웨어적 측면에서는 필요한 경우, 일부 노후 시설에 대한 리모델링이나 안내판 설치 등을 고려해 볼 수 있다. 이러한 하드웨어적 사업에는 시설 활용, 디자인 등의 아이디어를 폭넓게 수렴·활용하기 위하여 공모전 개최 등 방안을 모색하여 시설 설치 시 참고할 수 있도록 하는 것이 좋다.

위성 에코뮤지엄

위성 에코뮤지엄의 경우 각 에코뮤지엄 자원의 성격을 감안하여 보전과 활용 계획을 세우는 것이 바람직하다. 개삼터공원이 조성되어 있는 개삼터와 지역 커뮤니티의 핵심인 다락원의 경우 기존에 조성되어 있는 시설들을 활용한 계획을 수립하고, 나머지 위성 에코뮤지엄(제원면 천내리, 부리면 창평리, 남일면 황풍리, 금성면 양전리, 진산면 석막리)의 경우 인삼 재배지로서 인삼농업의 지속성과 경관의 보전 등에 초점을 맞추어 계획하는 것이 바람직하다.

개삼터에는 1500년 금산인삼의 뿌리를 보여 줄 수 있는 곳으로서 개삼터공원 등 관련 시설이 비교적 잘 갖추어져 있다. 따라서 기존에 조성된 시설의 적극적 활용을 통하여 금산인삼의 역사를 효과적으로 전파시키는 것이 중요하다. 이를 위해 금산인삼 해설사 양성을 계획할 필요가 있다. 금산인삼 해설사는 지역 주민들 중에서 인삼 재배 경험이 있거나 관련 교육 프로그램을 이수한 경우 선발하도록 한다. 이를 바탕으로 방문객들이 금산인삼에 대한 우수성을 쉽게 이해할 수 있는 해설 프로그램을 운영하고, 안내판이나 팸플릿 제공을 통하여 금산인삼에 대한 이해도를 높일 수 있도록 계획한다.

[그림 15] 개삼터 전경

다락원은 금산 에코뮤지엄을 유기적으로 운영할 수 있는 인적자원들을 양성하는 핵심 지역으로 계획의 방향을 정하는 것이 바람직하다. 우선적으로 금산인삼의 보전과 활용을 위한 자발적 주민협의체 구성을 유도해내는 한편, 인삼 유통, 인삼 재배, 관광지 안내, 자발적 학습조직 등의 세부 분과들을 구성하고 분과에 적합한 맞춤형 역량 강화 및 지원프로그램을 개발하는 것이 좋다. 구성된 주민협의체는 상인회, 지역단체, 행정 등과 연계하여 지역 내 거버넌스 조직으로 발전시켜나갈 수 있도록 계획한다.

[그림 16]도서관 등 다락원 내 시설 전경

나머지 위성 에코뮤지엄은 인삼

의 재배지로서 보전의 개념에 보다 무게 중심을 두고 계획하는 것이 바람직하다. 특히 인삼 재배지의 지속 가능성과 생물다양성 확보 차원에서 접근하는 것이 좋다. 현재 금산인삼 재배지에 서식하는 포유류, 조류, 양서류, 곤충 등과 멸종 위기 야생동식물이 계속해서 서식할 수 있도록 친환경 재배농법을 확산시켜 나감으로써 인삼 재배지와 그 주변 지역의 토질 등 여건을 점진적으로 개선해 나가는 것이 중요하며, 활용 측면에서는 인삼밭이 가진 차별적인 농업경관을 조망할 수 있는 주요 지점을 선정하여 경관 조망을 위한 장소를 조성하고 포토존 등으로 활용하는 계획을 수립하는 것이 가능하다.

에코뮤지엄 간 연계 계획

금산군 에코뮤지엄은 금산군 전체를 대상으로 하므로 중심과 위성 에코뮤지엄 간을 효율적으로 연계하는 것 또한 매우 중요하다 할 수 있다. 가장 우선적으로 고려할 수 있는 것이 중심, 위성 에코뮤지엄을 연계하여 운행하는 버스 노선의 운영이다. 다만 버스 투입은 초기 투자비와 운영비가 발생하는 만큼 면밀한 분석을 통하여 기존 버스 노선의 활용 방안 또는 버스 규모 축소, 주말과 주중의 탄력적 운행, 버스 운행에 대한 방문객 홍보 등의 방법 등을 다양하게 고려한다. 버스 운영의 사업성 확보 측면에서 에코뮤지엄 인근 지역의 역사문화유산 지역(칠백의총, 12폭포, 태고사, 금산향교, 보석사 등)을 노선에 포함하여 함께 운영하는 방안 또한 고려해볼 수 있다.

실질적으로 자가용 운전자가 많은 점을 감안할 때, 스마트폰으로 금산군 에코뮤지엄의 위치를 안내해 주고 설명을 함께 들을 수 있는 어플리케이션 개발 또한 고려할 수 있는 방법 중 하나이다. 방문객들은 스마트폰으로 제공된 정보를 보고 자유롭게 이동하며 지역에 대한 설명까지 들을 수 있는 장점이 있을 것으로 판단된다.

전북 김제평야 벽골제

중심 에코뮤지엄과 위성 에코뮤지엄

김제시는 삼한시대부터 농경문화의 중심지 역할을 해온 곳이다. 김제 벽골제는 우리나라에서 가장 오래된 수리 시설로, 농업 발전 과정에서 매우 중요한 의미를 지닌다. 우리나라 기후 특성상 논농사를 짓기에는 물이 부족했는데, 특히 파종 시기에 물이 턱없이 부족했고 물이 모이지 않는 대하천 하류역에 논을 만드는 것은 더더욱 어려웠다. 벽골제 같은 수리 시설이 발달하지 않았다면 지금 같은 곡창지대가 형성되기 어려웠을 것이다. 물을 저장하여 논농사를 가능하게 해준 벽골제는 우리나라 농경문화 역사에서 상징적인 유산이라고 할 수 있다.

인구 9만여 명의 김제시는 전통적으로 논농사가 발달한 지역으로, 전국에서 논이 가장 넓게 분포해 있다.[1)] 벽골제 수리 시스템과 농경문화를 농업유산형 에코뮤지엄으로 조성한다면 많은 사람들에게 농촌유산을 널리 알리는 기회가 될 것이다.

농업유산형 에코뮤지엄으로 계획하기 위해 먼저 중심 에코뮤지엄과 위성 에코뮤지엄을 선정하였다. 김제시의 농업유산으로 가치가 높은 벽골제 유적과 벽골제 단지를 중심 에코뮤지엄으로 선정하였다. 벽골제는 사적 111호로 현재 장생거·중심거 등이 남아 있으며, 제방을 축조할 때 토층 사이에 유기물질인 식물층을 끼워 넣는 방식인 '부엽(敷葉) 공법'을 사용한 것으로 밝혀졌다. 부엽 공법은 1세기 중국에서 만들어진 것으로, 낙랑군을 거쳐 한반도에 전해졌으며, 이것이 6~7세기에 다시 일본에 전해졌다. 부엽 공법은 동아시아를 대표하는 관개기술로, 기후 조건이 좋고 수량이 풍부

*****

1) 통계청(2013. 2. 28.), 2012년 경지면적 조사 결과 보도자료

[그림 17] 벽골제 단지 전경

[그림 18] 제방 전경

[그림 19] 농경사 주제관 및 체험관

[그림 20] 벽골제 장생거 유적

한 동남아시아와는 차별화된 수리 시스템이기도 하다.[2] 벽골제 단지는 인위적으로 편의 시설을 만든 단지로 벽골제 농경문화박물관, 농경사체험관, 벽골우도농악전수관 등이 조성되어 방문객들에게 유용한 시설로 쓰일 수 있다.

첫 번째 위성 에코뮤지엄은 부량면 '하방마을'로 선정하였다. 벽골제 왼쪽에 있는 마을로, 농경지 한가운데 위치해 있으며 마을회관이 있는 제법 큰 마을이다. 김제평야에서 실제 논농사를 짓고 있는 마을로서 살아 있는

*****

2) 정도채(2013. 11. 8.),「국가농업유산으로 벽골제」, 한국농업사학회 추계학술대회

[그림 21] 중심 에코뮤지엄과 위성 에코뮤지엄 선정(전북 김제평야 벽골제)

농경문화를 보여 줄 수 있으며, 다른 위성 에코뮤지엄과 연결 가능한 동선상에 위치하여 위성 에코뮤지엄으로 선정하였다. 다만 이 마을은 가상으로 선정한 것이므로, 실제 농촌 에코뮤지엄 계획을 시행할 때는 다른 마을들 중에서도 농촌유산 보전과 활용에 대한 주민의식이 높고, 벽골제에서 도보로 접근 가능한 마을이라면 차후 위성 에코뮤지엄으로 선정이 가능할 것이다.

두 번째 위성 에코뮤지엄은 지평선 경관을 잘 볼 수 있는 지점으로 근대문화유산이기도 한 죽산면의 '(구)하시모토 농장 지역'을 선정하였다.

세 번째 위성 에코뮤지엄으로는 죽산면 내촌 '아리랑마을'을 선정하였다. 이 마을은 아리랑문학마을과 인접해 있으며, 녹색농촌체험마을로 선

[그림 22] 하방마을 전경

[그림 23] (구)하시모토 농장 사무실

[그림 24] 내촌 아리랑마을(1)

[그림 25] 내촌 아리랑마을(2)

정, 운영되고 있다. 두부 만들기 체험과 고구마 캐기 등 농사체험이 가능하며, 아리랑문학마을 시설을 활용하여 숙박 서비스를 제공하고 있다. 아리랑문학마을은 작가 조정래 씨의 대하소설 『아리랑』의 무대를 재현한 마을로, 소설의 배경이 된 김제평야와 일제강점기 백성들의 삶을 마을 형태로 재현해 놓았다. 홍보관과 초가마을, 주재소(지금의 경찰서), 면사무소 등이 있다.

계획 방향

벽골제를 중심으로 김제시 부량면, 죽산면에 대한 계획은 농업유산으로서의 가치를 높이고 농경문화 보전에 초점을 맞추었다. 부량면과 죽산면에 조성된 농촌 에코뮤지엄들을 체계적인 동선으로 엮어 일반인들이 농업유산을 좀 더 쉽게 이해하고 다가갈 수 있도록 하는 것이 이번 계획의 목표다. 이 목표가 성공한다면 유산적 가치가 있는 농촌의 참모습을 보여 줄 수 있을 것이며, 이로 인해 더 많은 방문객이 김제시를 찾게 될 것이다.

중심 에코뮤지엄

부량면 벽골제 유적이 남아 있는 제방에 안내판을 설치하고 장생거, 중심거, 경장거 등에 대한 설명을 강화한다. 현재 벽골제 단지는 관광지 형태로 운영되고 있어 벽골제 유적에 대한 안내판 등이 부족한 형편이다. 이를 개선하여 벽골제를 중심으로 한 수리농업에 대한 이해를 높여 나간다.

현재 이용되고 있는 관광 안내소를 리모델링하여 방문객들에게 안내책자 등을 배포할 수 있는 에코뮤지엄센터로 활용한다. 에코뮤지엄센터에서는 방문객들이 각각의 에코뮤지엄을 체계적으로 방문할 수 있도록 알기

[그림 26] 정비가 필요한 벽골제 제방도로

쉬운 지도 등을 작성하여 비치하고 에코뮤지엄 해설사를 연결해 주는 역할을 한다. 농경사 주제관 및 체험관의 홍보 영상실과 체험학습실은 에코뮤지엄 해설사를 길러 내는 교육 장소로 활용한다. 벽골제 유적지의 제방과 위성 에코뮤지엄인 하방마을로 이어지는 탐방길을 정비하여 방문객들이 도보로 관람이 가능하도록 한다.

위성 에코뮤지엄

3개의 위성 에코뮤지엄은 벽골제의 위상을 살릴 수 있도록 살아 있는 농업체험에 초점을 맞추었다. 드넓은 평야지대의 경관과 농경지 중간중간에 섬처럼 위치한 마을들을 연계하여 다른 지역에서 볼 수 없는 농업경관을 보여 주도록 한다.

첫 번째 위성 에코뮤지엄인 하방마을도 평야지대에 위치한 마을로 벽골제 제방도로와 농로로 접근 가능하다. 마을회관을 리모델링하여 방문객들

[그림 27] 1930년대 무역회사 건물 활용(군산시)

이 머물면서 마을 주민과 함께 절기별 농사체험이 가능하도록 계획한다. 농경지 한가운데 위치한 마을경관을 그대로 보존하면서 허물어진 담과 지붕, 마을 안길 등을 보수하여 주민과 방문객이 불편함이 없도록 한다.

두 번째 위성 에코뮤지엄인 죽산면 소재지에 위치한 (구)하시모토 농장 사무실은 근대 건축물 유적으로서 그 모습을 잘 간직하고 있다. 그러나 현재 이용도가 떨어지고 있으며, 근대 건축물을 활용한 프로그램이 전무한 상태다. 또한 죽산면 소재지 상가들이 문을 닫거나 퇴락하고 있어 이에 대한 대책이 시급하다. 따라서 죽산면 소재지 활성화 대책이 필요한 동시에 (구)하시모토 농장 사무실과 부지를 활용하여 곡창지대와 관련된 전시 프로그램과 찻집 같은 휴게 시설 등을 구상하여 활성화를 도모한다.

세 번째 위성 에코뮤지엄인 내촌 아리랑마을은 시설이 잘 정비된 아리랑문학마을에 바로 인접한 곳으로 농사체험이 가능한 곳이다. 아리랑문학마을에서 숙박이 가능하며, 내촌 아리랑마을에서는 두부 만들기 체험 등이 가능하다. 내촌 아리랑마을은 기존 녹색농촌체험마을로 정비가 끝난 곳으로 에코뮤지엄 계획을 통해 더욱 활성화시킬 수 있을 것으로 기대된다. 더 많은 방문객이 에코뮤지엄과 연계하여 방문할 수 있도록 하기 위해서는 농업유산에 대한 주민들의 이해도를 높이는 것이 관건이다. 마을 주민들이 기본적으로 에코뮤지엄 해설사가 될 수 있도록 관개농업 소개, 벽골제 유래 등에 대한 교육을 실시한다.

에코뮤지엄 간 연계 계획

중심 에코뮤지엄 벽골제와 위성 에코뮤지엄 하방마을은 부량면에 있으며, 나머지 2개의 위성 에코뮤지엄은 죽산면에 있어 이들을 잘 연결하는 것이 관건이다. 하방마을은 앞으로 발전시켜나가야 할 마을로서, 에코뮤지엄 간 연계를 위해 벽골제에서 다른 위성 에코뮤지엄인 (구)하시모토 농

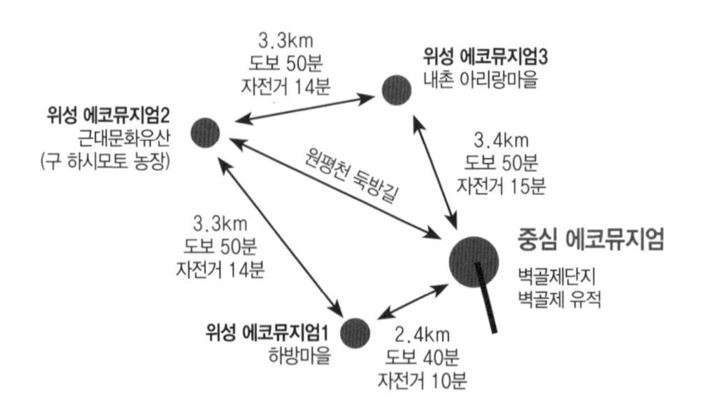

[그림 28] 김제 벽골제 에코뮤지엄 도보 연계 방안

장과 내촌 아리랑마을, 원평천 둑방길로 이어질 수 있는 곳에 있다는 위치적 이점이 가장 중요하게 여겨졌다.

김제의 드넓은 평야지대와 지평선을 농촌유산의 중요한 요소로 넣기 위해서는 자동차나 버스로 이동하는 것보다 자전거나 도보 이동이 좋을 것으로 판단되었다. 현재 김제시에서는 '김제평야 아리랑길'을 운영 중인데, 벽골제에서 원평천 둑방길·쌍궁삼거리·내촌마을·(구)하시모토 농장사무실·죽산 메타세쿼이아 가로수 길·남포삼거리·광활면사무소·심포항·망해사로 이어지는 25.2㎞의 도보길이다. 부량면에서 죽산면으로, 다시 광활면으로 이어지는 길이다.

'김제평야 아리랑길'을 일부 활용하면서 중심·위성 에코뮤지엄을 연계하는 도보 길을 정비한다. 위성 에코뮤지엄 2(구 하시모토 농장), 에코뮤지엄 3(내촌 아리랑마을), 중심 에코뮤지엄(벽골제)으로 이어지는 길은 기존 '김제평야 아리랑길'을 이용하고, 실제 농경생활을 보여 줄 수 있는 하방마을을 연계하는 길은 새로 정비한다. 하방마을과 연결되는 길이 완성되면 총연장 12.4㎞로, 김제 벽골제 농촌 에코뮤지엄을 모두 둘러보는 데 도보로 3시간 10분, 자전거로 53분 정도 소요될 것으로 예상된다.

생태경관형 에코뮤지엄

경북 울진군 금강소나무 숲

중심 에코뮤지엄과 위성 에코뮤지엄

생태경관형 에코뮤지엄으로는 대한민국 백두대간의 중심에 있고 금강소나무 군락이 있으며, 국토환경성 지도의 1등급 지역이 70% 이상 분포하는 경상북도 울진군 왕피천 유역을 선정하였다. 왕피천 유역은 인적이 드물고 교통이 불편하며 접근성이 좋지 않아 한반도에서 자연 그대로 보전돼 있는 곳 중 하나로, 아름다운 경치와 자연환경, 동식물을 보전하기 위해 일부 지역을 '왕피천 유역 생태경관 보전 지역'으로 지정하여 보호하고 있다.

왕피천은 경상북도 영양군 수비면 금장산 북서쪽 계곡에서 발원하여 울진군 근남면에서 동해로 흘러 들어가는 강으로, 총길이는 65.9㎞이고 유역 면적은 514㎢이다. 왕피천 본류는 금장산 북서쪽 계곡에서 발원하여 북쪽으로 흐르는 매화천과 불영계곡을 따라 동쪽으로 흐르는 광천의 세 줄기가 성류굴 앞(울진군 근남면 행곡리와 노음리)에서 합류한 다음, 수산리와 산

포리 사이로 흘러 망양해수욕장 앞 동해바다로 흘러든다. 왕(王)이 피신한 곳이라 하여 '왕피천(王避川)'이라 부르게 되었다고 한다.[3)]

생태경관형 에코뮤지엄 사례 지역 선정은 단위자원조합을 통한 박물관이나 관광적 접근의 에코뮤지엄보다는 생태적 가치와 생물의 서식 공간 등을 고려한 행정단위 개념의 상위 개념인 산맥이나 수계를 따라 생물 서식 공간 개념을 적용하는 것이 타당할 것이며, 본 사례에서는 자연환경이 우수하고 생태적 가치가 높은 왕피천 유역(영양군, 울진군)을 대상으로 선정하였다.

중심 에코뮤지엄으로는 왕피천 유역의 생태자원 중 으뜸이며 역사적으로 가치가 높고 희소성이 있는 금강소나무림(소광리 일대)을 선정하였다. 또 위성 에코뮤지엄으로는 ▶첫 번째 녹지 자연도 8등급 이상 지역이 전체 95% 정도로 우수한 식생과 빼어난 자연경관을 보유한 낙동정맥 중앙에 위치한 녹지축인 왕피천 생태경관 보전 지역을 선정하였고, ▶두 번째는 불영사와 기암괴석이 장관을 이루고 자연환경이 수려하고 다양한 지질자원과 동식물이 서식하고 있는 대한민국 자연 명승 제6호 불영계곡(광천)을 선정하였으며, ▶세 번째는 천연기념물 제155호로 지정된 울진군을 대표하는 석회암 동굴 성류굴을 선정하였다.

*****

3) [1설] 삼국시대 전 지금의 삼척 땅에 위치한 실지국(悉直國)과 울진군의 파조국(波朝國), 강릉 지역의 예국(穢國) 등 3국이 세력 다툼을 벌인 결과 실지국이 파조국을 합병하였고, 그 후 예국의 침략을 받은 실지국 안일왕(安逸王)은 봉화군 석포면 승부역(울진)을 지나 옥방, 남회룡리를 거쳐 영양군 수비면 신암리 애미랑재를 넘어 수하계곡을 지나 왕피리로 피란한 후 울진 지역에 안일왕 산성을 축성했다.
[2설] 935년경 신라 경순왕(56대)의 아들 마의태자(김일)가 모후 손씨와 피신 왔다가 손씨가 세상을 떠난 후 금강산으로 갔다.
[3설] 1361년 원(元)나라 말엽 한산동(韓山童) 두목이 이끌고 온 홍건적이 고려 31대 공민왕 10년경에 남침하여 이곳으로 피신했다.

[그림 29] 위성 1 : 왕피천

[그림 30] 위성 2 : 불영계곡

[그림 31] 위성 3 : 성류굴

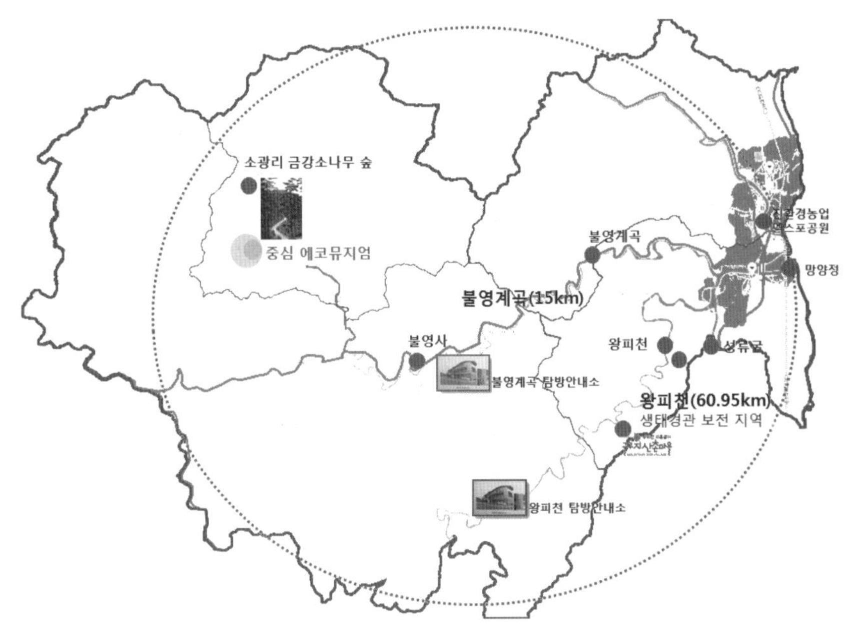

[그림 32] 왕피천 유역 에코뮤지엄 선정(생태경관형)

계획 방향

생태경관형 에코뮤지엄으로서의 왕피천 유역에 대한 계획은 왕피천 지역이 갖고 있는 독특한 생태경관자원 보호·보전을 중심으로 최소한의 활용을 취하여 삶의 터전에 대한 지역 주민의 자부심을 고취시키는 것을 그 목적으로 하였다. 특히 왕피천 유역은 환경부 지정 생태관광 지역으로, 에코뮤지엄 활용에 대해 생태관광 개념으로 접근하여 지역의 우수한 자연자원과 역사·문화 자원을 느끼고 관찰하고 이해하며, 환경을 보전하고 지역 주민과 상생하는 계획 방향을 수립하도록 한다.

현재 왕피천 유역은 탐방객의 무분별한 출입을 막기 위해 탐방예약제를 실시하고 있다. 소광리 금강소나무 군락은 산림청 남부지방청과 (사)울진숲길의 '금강소나무 숲길'에서, 왕피천계곡 탐방은 왕피천 주변 농촌 마을 4곳의 연합으로 구성된 '왕피천 에코투어사업단'에서 지역별로 특화된 프로그램을 운영하고 있어 왕피천 유역 에코뮤지엄의 중간 지원 조직으로 활용하도록 한다.

중심 에코뮤지엄

왕피천 유역 중심 에코뮤지엄은 그 대표성이나 생태적 가치로나 금강소나무 군락을 꼽을 수 있다. 금강소나무는 수려한 외관, 형태적 우수성과 재질로 세계적 명목으로 인정받는 수종으로 선조들로부터 지금까지 한민족

[그림 33] 한반도 소나무 유형별 분포도(자료 : 산림청 남부지방청)

의 정서와 함께하고 있다.

조선시대에 국가에서 산림관리 제도를 시행한 바 있는데, 조선 전기의 금산(禁山) 제도와 조선 후기의 봉산(封山) 제도를 통해 산림 공유의 원칙으로 우량 소나무림을 지정, 보호하고 육성하였다.

왕피천 유역의 대표적인 금강소나무림은 울진군 서면 소광리, 불영계곡, 천축산 및 왕피천 등의 지역에 주로 분포해 있다. 특히 서면 소광리 일대 금강소나무 군락지(2,247ha)는 1959년 국내 유일의 육종림으로 지정되었고, 2001년 산림 유전자원 보호림으로 지정되어 국가적으로 보호받는 지역이다. 수령 10~500년, 평균 수령 60년, 최고 수령 500년, 경급 8~110㎝, 나무 높이는 8~35m에 이른다. 특히 소광리 지역에서 조선시대 금산 제도의 표시인 '황장봉계'라는 표석이 발견되어 도지정문화재로 지정돼 있다.

중심 에코뮤지엄 탐방로는 산림청 남부지방청과 (사)울진숲길에서 운영하는 탐방 프로그램으로, 탐방 예약을 하고 가이드를 동반하여 1일 80명까지 탐방이 가능하며, 1구간 13.5㎞, 3구간 16.3㎞가 운영되고 있어 에코뮤지엄 프로그램으로 연계 활용이 가능하다.

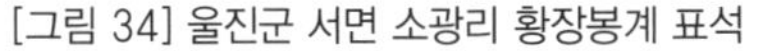

[그림 34] 울진군 서면 소광리 황장봉계 표석

[그림 35] 금강소나무 군락지

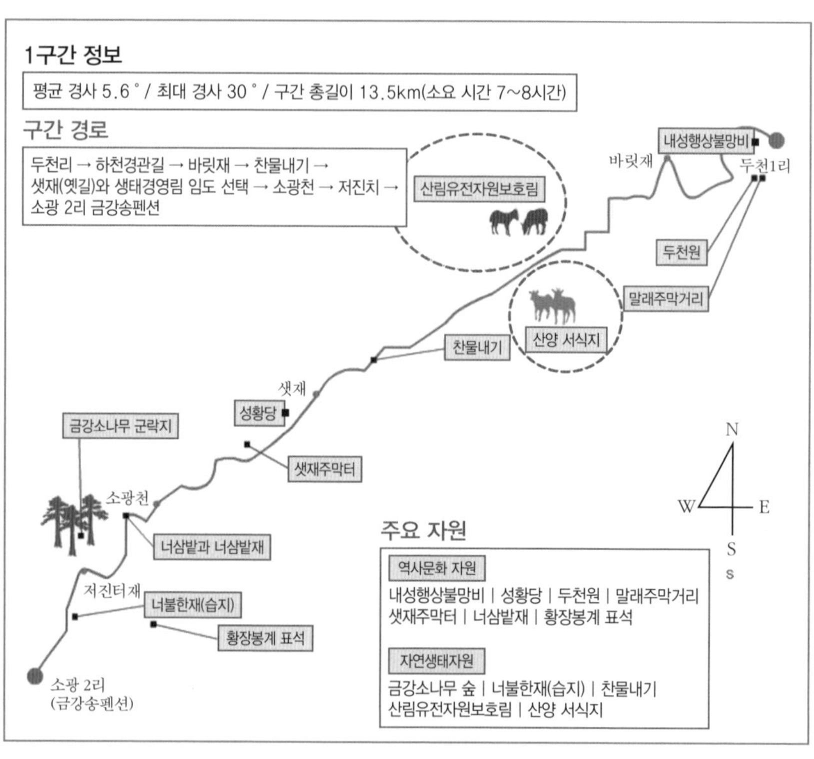

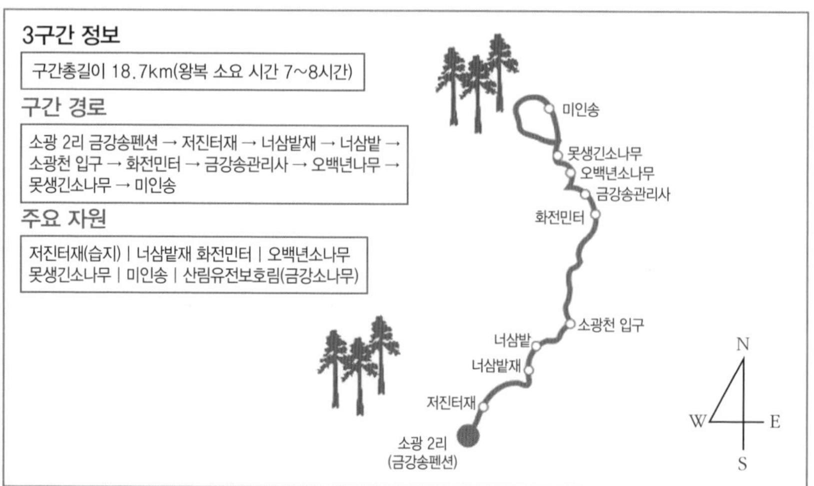

[그림 36] 울진군 서면 소광리 금강소나무림 탐방 프로그램

위성 에코뮤지엄

울진 왕피천 유역 3개의 위성 에코뮤지엄은 왕피천이 갖고 있는 생태경관자원의 원형과 독특함을 잘 보여 주는 곳으로, 자연생태 보존·보호 개념에서 생태적 이용을 통한 지속 가능한 활용에 그 초점을 두고 있다. 특히 위성 에코뮤지엄 3곳은 생태경관 보전 지역(왕피천 일원), 대한민국 자연경승 제6호(불영계곡), 천연기념물 제155호(성류굴)로 지정된 곳들로 생태적 보존·보호 개념에서 접근하는 것이 타당할 것이다.

왕피천 생태경관 보전 지역이 있는 위성 에코뮤지엄은 주변의 농촌 마을 4곳(삼근리, 왕피리, 구산리, 수곡리)이 '왕피천 에코투어사업단'을 조직하여 자연환경 보전적 관점에서 탐방 프로그램 운영과 보호활동을 하는 곳으로, 왕피천 탐방 안내소를 에코뮤지엄 방문자 센터와 중간 지원 조직의 거점 센터로 활용하도록 하며, 농촌 마을 민박을 활성화하여 탐방객의 편

[그림 37] 왕피천 생태경관 보전 지구

[그림 38] 탐방 안내소

[그림 39] 생태 탐방로

의를 제공하도록 한다.

불영계곡 위성 에코뮤지엄은 울진군 서면 하원리에서 근남면 행곡리까지 불영사를 중심으로 길이 15㎞의 천연계곡으로, 왕피천 지류인 광천이 심한 감입곡류를 하면서 생긴 계곡이다. 기암괴석과 깎아지른 듯한 절벽, 계곡과 푸른 물줄기가 어우러진 창옥벽, 의상대, 산태극, 수태극, 명경대 등 30여 개 명소와 신라 진덕 여왕 때 의상대사가 창건한 불영사, 천연기념물 제96호로 지정된 굴참나무 숲을 연계하여 장소 마케팅을 통한 생태관광 프로그램을 제공하도록 한다.

성류굴 위성 에코뮤지엄은 1963년 천연기념물 제155호로 지정된 석회암 동굴로, 동굴 전체 길이는 약 870m이다. 지형학적 측면에서 한국의 석회암 동굴 중 최남단에 위치하며, 고려 말 학자 이곡(李穀)이 『관동유기(關東遊記)』에서 성류굴에 대해 한국 최초의 동굴 탐사기를 언급하였다. 동굴 호수와 종유석·석순 등이 잘 발달되어 있으며, 왕피천과 연접하여 울진군을 대표하는 생태경관 위성 에코뮤지엄으로 활용하도록 한다.

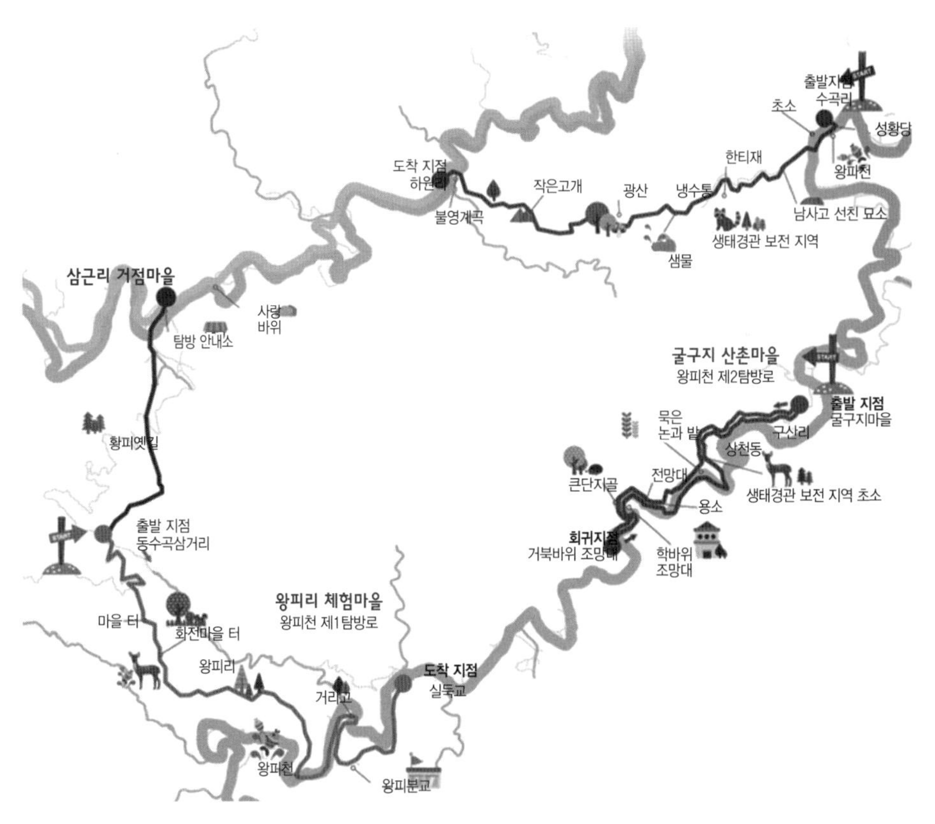

[그림 40] 왕피천 생태경관 보전 지역 현황

에코뮤지엄 간 연계 계획

울진 왕피천 유역 생태경관 에코뮤지엄은 유역 면적이 넓고 희귀 및 멸종 위기 동식물이 많이 서식하고 있어 거점 센터 방문 외 차량 운행은 원칙적으로 허용하지 않도록 한다. 따라서 탐방객은 일일 탐방객 제한이 시행되는 곳이 있으므로 인터넷 예약을 통해 금강소나무길 안내 센터(두천 1리), 왕피천탐방 안내소(금강송면), 왕피천 유역 생태마을(삼근리 거점마을, 굴구지 산촌마을, 왕피리 체험마을, 수곡리 문화마을) 등을 개별적으로 방문하도록 하며, 모든 탐방은 도보로 이루어지는 생태관광이 되도록 한다.

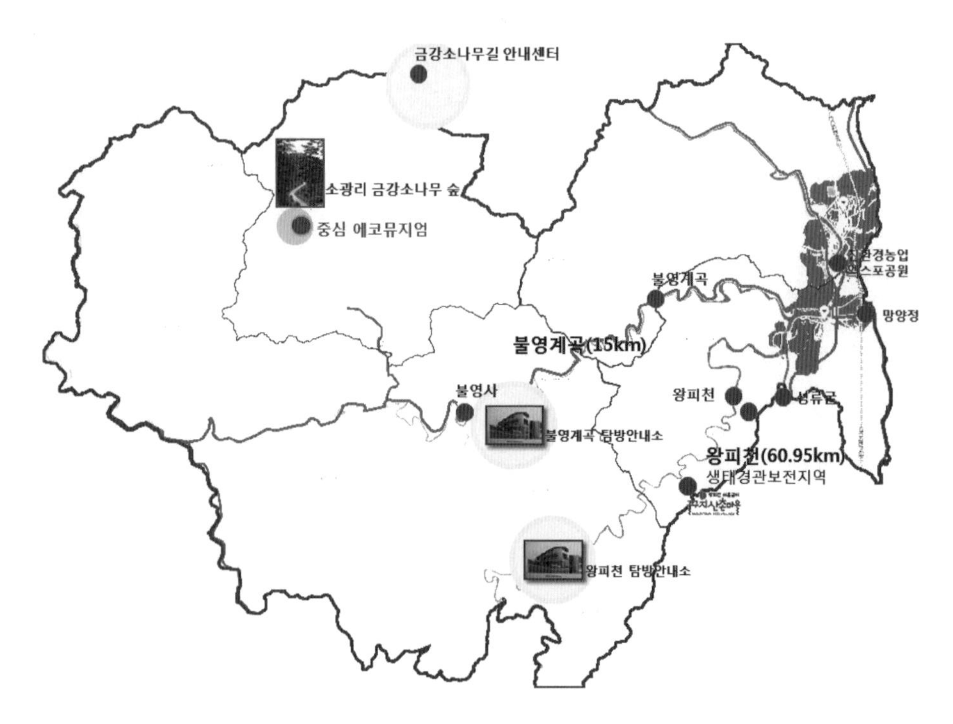

[그림 41] 왕피천 에코뮤지엄 탐방 거점 센터

생활문화형 에코뮤지엄

경북 영양군 두들마을

중심 에코뮤지엄과 위성 에코뮤지엄

생활문화형 에코뮤지엄 개념을 적용하기 위해 경북 영양군 석보면과 입암면을 대상지로 선정하였다. 인구가 점차 줄어들고 있는 영양군은 2013년 현재 1만 8,383명이 살고 있으며, 고령화가 심각한 농촌 지역이다. 그러나 과거로부터 이어져 온 전통 생활문화와 이를 바탕으로 한 음식문화·조경문화가 잘 보전돼 있으며, 산간 지역 특작물로서 토종 고추가 재배되고 있어 다른 농촌 지역보다 보전할 만한 생활문화자원이 많이 남아 있는 곳이기도 하다. 특히 영양군 남쪽에 위치한 석보면과 입암면에는 전통마을인 원리 두들마을과 연당리 연당마을이 있어 이를 자원으로 에코뮤지엄 계획을 세워볼 수 있다. 이 생활문화형 에코뮤지엄 계획에서는 이 지역이 가지고 있는 자원도 중요하지만 이와는 또 다른 측면에서 눈여겨볼 만한 것이 있다. 이 2개 면은 농촌 마을 종합개발사업 등이 완료된 지역으로, 권역 정비와 함께 많은 시설이 조성되었지만 이를 어떻게 운영해 나갈지가 가장 큰 과제로 남아 있다. 이번 계획은 농촌 마을 종합개발사업이 완료된 2개 권역 이상을 연계하여 활성화할 수 있는 새로운 대안으로 에코뮤지엄 개념을 적용시켜 보는 좋은 사례라 할 수 있다.

생활문화형 에코뮤지엄 계획을 세우기 위해서는 먼저 중심 에코뮤지엄과 위성 에코뮤지엄을 선정하는 절차를 거친다. 가장 전통적인 생활문화가 남아 있는 중심 에코뮤지엄으로 양반 집성촌을 이루고 있으며 전통적인 음식문화가 남아 있는 석보면 두들마을을 선정하였다. 두들마을은 재령 이씨 집성촌으로 많은 한옥이 보전되어 있고, 특히 사대부가의 정부인 안동 장씨(1598~1680년)의 한글요리서 『음식디미방』이 남아 있어 당대의 음식문화를 재현해낼 수 있다. 현재 '음식디미방' 체험관이 운영되고 있으나 주중에는 거의 이용되지 않으며, 단체 15인 이상이라야 음식체험을 할 수 있어 가족단위 방문객이 참여하기는 어려운 실정이다. 또한 영양원리 권역 농촌 마을 종합개발사업의 일환으로 지역 활성화 센터가 2010년 개관하여 목욕탕이 운영되고 있으나, 그 외 다른 공간은 아직 유휴 시설로 남아 있는 형편이다.

첫 번째 위성 에코뮤지엄으로는 입암면 연당리 연당마을을 선정하였다. 이곳은 국가지정 중요민속문화재 108호인 서석지가 위치한 마을로서 조선시대 민가의 조경문화를 잘 보여 주고 있으며, 마을 안길과 한옥 등이 잘 남아 있다. 두 번째 위성 에코뮤지엄으로는 입암면에 위치한 영양산촌생활박물관을 선정하였다. 영양산촌생활박물관은 산촌생활과 관련된 유물 전시와 생활상을 재현해 놓았고, 야외 전시장이 있어 다양한 교육활동이 가능한 시설이지만 현재 활용도가 떨어지고 있다. 세 번째 위성 에코뮤지엄은 입암면 선바위 영양고추 홍보전시관을 선정하였다. 입암면 선바위 관광지 내에 위치한 시설로, 영양고추의 가치와 경쟁력을 높이기 위해 2층 규모로 지어졌다.

[그림 42] 두들마을 내 시설

[그림 43] 지역 활성화 센터 전경

[그림 44] 연당마을 전경

[그림 45] 영양산촌생활박물관

[그림 46] 영양고추 홍보전시관

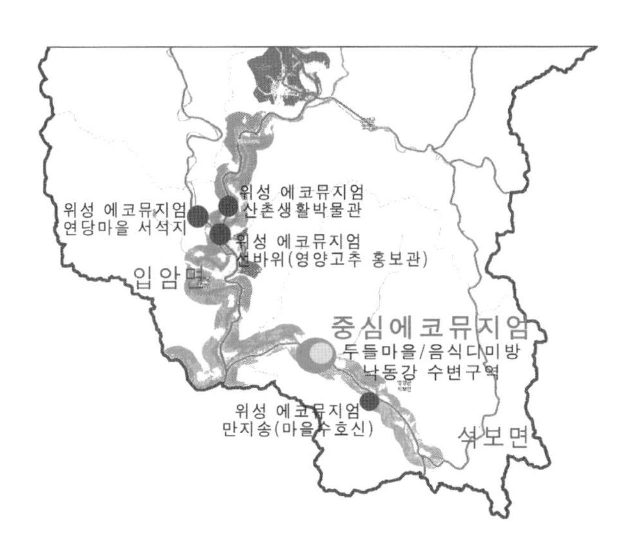

[그림 47] 중심 에코뮤지엄과 위성 에코뮤지엄 선정(경북 영양군)

계획 방향

생활문화형 에코뮤지엄으로서 영양군 석보면과 입암면에 대한 계획은 농촌생활문화 보전·활용의 균형을 취하여 삶의 터전에 대한 지역 주민의 자부심을 고취시키는 것을 주요 목적으로 하였다. 이와 동시에 농촌 마을 종합개발사업(석보면 원리 권역, 화매 권역, 입암면 선바위 권역)으로 이미 조성된 시설과 여기에 참여했던 마을을 대상으로 각기 분리되어 운영되던 농촌 마을 종합개발사업 권역을 통합하여 활성화 효과를 높이는 것에 초점을 맞추었다.

중심 에코뮤지엄

선정된 중심 에코뮤지엄과 위성 에코뮤지엄의 특성을 보면, 자원으로서의 가치는 높으나 시설만 덩그러니 남아 있는 경우가 많아 살아 있는 생활문화로서 많은 사람들에게 다가갈 수 있도록 하는 것이 계획의 가장 중요한 방향으로 파악되었다. 중심 에코뮤지엄인 두들마을은 농촌 마을 종합개발사업으로 정비는 이루어졌으나 추가로 만들어진 대규모 한옥 시설의 활용도가 떨어져 사람이 살지 않는 마을로 변하고 있다. 따라서 두들마을을 방문하는 사람은 한옥에서 숙박은 가능하지만 농촌의 오래된 생활문화를 느끼기에는 역부족인 상황이 지속되고 있다. 또한 두들마을은『음식디미방』이라는 한글 요리서가 만들어진 곳이지만 간단히 전통음식을 맛볼 수 있는 곳이 없다는 것이 가장 큰 문제점으로 지적된다.

이를 해결하기 위해서는 사람들이 두들마을 내에 거주하도록 하는 것이 가장 중요하다. 두들마을 한옥 시설을 활용하여 관리비 지원 등 유인책으로 장기 체류자를 입주시키고, 석보면 노인들을 위한 '공동생활홈'으로 활용하는 방안이 있을 수 있다. 현재 지역 주민들이 목욕탕(1층)으로 이용하고 있는 지역 활성화 센터 2층 공간을 적극 활용하여 에코뮤지엄센터로 사용하는 방안을 검토하고, 위성 에코뮤지엄을 연계하는 순환 버스의 출발점으로 삼는 방안도 있다. 마지막으로 단체 방문객에게만 음식을 제공하는 체험관에서 벗어나 『음식디미방』에 기록된 요리를 간소화한 일품요리를 개발하고, 이를 일반 방문객들이 먹어볼 수 있도록 하는 레스토랑 '음식디미방' 사업을 계획한다면 두들마을에 음식점이 없는 문제점을 해결할 수 있을 것이다.

위성 에코뮤지엄

3개의 위성 에코뮤지엄도 보전·활용의 균형을 찾는 데 초점을 맞추었다. 연당마을의 경우는 아직까지 잘 보전되어 있고 주민들이 그곳에서 생활하고 있어 앞으로 이를 잘 보전하면서 주민이나 방문객의 편의를 도모하는 것이 중요하다고 판단된다. 연당마을은 주민들이 생활하고 있는 공간이므로 주택 보수 지원사업을 실시하고, 보수를 희망하는 주택에 대해 원형을 보존할 수 있는 방법을 찾아 주는 사업을 시행할 수 있다. 이와 동시에 현재 문화재로 지정돼 있는 서석지 앞 주차 공간의 편의 시설이 부족하므로 마을 입구에 한뼘 공원을 확충하여 방문객의 편의를 도모하는 것이 좋겠다.

영양산촌생활박물관과 영양고추 홍보전시관은 산촌생활과 영양고추라는 특작물과 관련된 시설로서 활용 가치가 높으나, 현재 이용객이 적어 유휴 시설화하는 것을 방지하는 것이 가장 중요한 계획 과제라 할 수 있다. 영양산촌생활박물관은 새로운 교육 프로그램을 개발하여 어린이 대상 체험 프로그램을 실시할 수 있도록 하며, 에코뮤지엄과 관련된 교육을 직접 수행하거나 시설 대관을 통해 관련 단체에 유휴 공간을 제공하는 것을 계획할 수 있다.

영양고추 홍보전시관은 영양의 토종 고추인 '수비초' 재배장을 조성하여 산촌에서 환금작물로서 고추가 재배되기 시작한 역사를 재조명하고 토종 고추의 우수성을 널리 알릴 수 있도록 한다. 특히 수비초는 매운맛과 단맛이 적절히 어우러진 재래종 고추로서 병해충에 약해 1990년대 이후 사라졌으나 현재 영양군 농업기술원에서 육성하는 데 성공한 상태다. 영양고추 홍보전시관 주변에 수비초 재배장을 설치한다면 이를 널리 알리는 역할을 할 수 있을 것이다. 또한 영양고추 브랜드 '빛깔찬'과 연계하여 고추장을 활용한 요리를 선보일 수 있는 고추장 카페를 운영하는 방안도 계획할 수 있다. 고추장 카페는 영양고추 홍보전시관 내 유휴 공간을 리모델링하여 위탁 운영하는 것이 가능하다.

에코뮤지엄 간 연계 계획

석보면에 위치한 중심 에코뮤지엄과 입암면에 있는 3개의 위성 에코뮤지엄을 연결하여 사람들의 흐름을 만들어가는 것이 이번 계획의 핵심이라고 할 수 있다. 대중교통을 이용한 방문객뿐 아니라 승용차를 타고 오는 방문객이 함께 이동하며 에코뮤지엄의 특성을 살펴볼 수 있는 새로운 방문 형태라 할 수 있는데, 이를 위해 농촌 에코뮤지엄 주말 순환 버스 운행을 생각해볼 수 있다. 25인승 마을버스를 무료 운행(오전 10시~오후 5시)하여 석보면과 입암면의 에코뮤지엄을 방문, 설명을 들을 수 있는 기회를 제공한다. 영양군의 경우 고령화와 인구 과소화로 버스 운영에 어려움이 있을 것으로 예상되므로 사업 기간 중 25인승 버스(기사 포함)를 대절하여 운영해 보고, 그 결과를 바탕으로 향후 농림축산식품부 '농촌형 교통 모델 발굴사업' 등에 공모하는 것으로 계획할 수 있다.

입암면에 위치한 3개의 위성 에코뮤지엄은 반변천을 따라 산책이 가능한 트래킹 코스가 이미 개발되어 있으므로 에코뮤지엄 안내판 설치 등 소규모 사업비로 활성화가 가능할 것으로 예상된다. 중심 에코뮤지엄에서

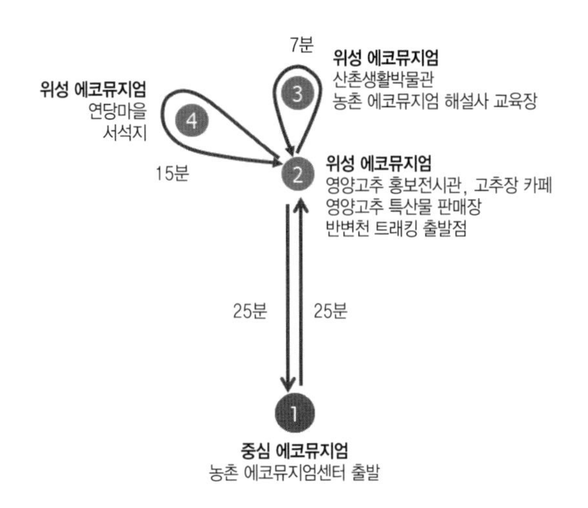

[그림 48] 영양군 에코뮤지엄 주말 순환 버스 운행도

주말 순환 버스를 이용하여 영양고추 홍보전시관에 도착한 방문객은 도보로 나머지 위성 에코뮤지엄 관람이 가능하다. 주중에는 하루 1회(오후 4시), 주말에는 하루 3회(오전 10시, 오후 2·4시) 입암면 권역 에코뮤지엄 해설사가 방문객과 함께 이동하면서 설명할 수 있는 프로그램을 운영한다면 에코뮤지엄의 이해도를 더욱 높일 수 있을 것이다.

농어업유산형 에코뮤지엄

경남 남해군 죽방렴

중심 에코뮤지엄과 위성 에코뮤지엄

농어업유산형 에코뮤지엄 개념을 적용하기 위해 섬 전체가 보물섬으로 불리는 경상남도 남해군을 대상지로 선정하였다. 남해군은 남해도와 창선도 2개의 섬으로 이루어져 있으며, 유인도 3개(조도, 호도, 노도), 무인도 76개의 부속섬이 있다. 면적은 357.66㎢(한려해상국립공원 면적 78.9㎢포함)이며, 1읍 9면 222리에 인구 4만 6,638명(2014년 말 기준)이 살고 있다. 바다로 둘러싸인 섬이지만 어촌과 농촌의 모습을 동시에 갖고 있는 지역이다.

남해도는 우리나라에서 다섯 번째로 큰 섬으로 남북 약 30㎞, 동서 약 26㎞이며, 지세는 망운산(786m), 금산(681m), 원산(627m) 등 산악이 많다. 가파른 산을 따라 다랑이 논이 촘촘히 분포해 있으며, 해안은 굴곡이 심하고 302㎞에 달하는 긴 해안선이 있어 어족 자원이 풍부하다. 특히 물살이 빠르고 수심이 낮은 지족해협의 자연 조건을 활용한 원시 죽방렴 어업과 거친 파도에 의한 해일과 조수를 막아 숲 뒤편의 농경지를 보호하고 그 숲은 그늘을 만들어 물고기를 불러들이는 어부림 역할을 하는 물건리 방조어부림(천연기념물 제150호)은 선조들의 지혜가 담긴 남해가 갖고 있는 최고의 어업유산이다. 특히 남해군은 한려해상국립공원과 남해 금산, 그리고 이순신 장군의 얼이 깃든 역사 현장 등 다양한 관광자원을 갖고 있으며, 15개의 농어촌체험 휴양마을이 협의회를 만들어 체험 관광 마을 운영과 남해군 농어촌관광 지원을 돕는 중간 지원 조직으로서의 역할을 하고 있어 농어업유산형 에코뮤지엄 계획 수립에 유리한 인프라를 갖추고 있다.

농어업유산형 에코뮤지엄 계획을 세우기 위해 먼저 중심 에코뮤지엄과 위성 에코뮤지엄을 선정하는 절차를 거친다. 남해군은 다양한 에코뮤지엄 자원을 갖고 있지만 가장 전통적인 원시어업 유형을 간직한 창선면 지족해협의 '죽방렴'을 남해군을 대표하는 중심 에코뮤지엄으로 선정하였다.

남해 죽방렴은 지족해협의 빠른 조류를 이용하여, 방향을 잃은 물고기가 죽방렴 안으로 들어오면 고기를 거둬들이는 원시 고기잡이 방법이다. '대나무 어사리'라고 하는 죽방렴은 간만의 차가 큰 해역에서 옛날부터 사용되던 것으로, 1469년(예종 1)『경상도 속찬지리지』'남해현조편'에 가장 오래된 전통이 경상남도 남해군 지족해협에서 이어지고 있다고 나온다. 지족해협은 남해군 창선도와 남해도가 가장 가까이에서 만나는 곳으로, 물길이 좁고 물살이 빨라 죽방렴을 설치하기에 최적의 장소다.

죽방렴은 물살이 세며 수심이 얕은 개펄에 V 자 모양으로 참나무 말뚝을 박고 대나무로 그물을 엮어, 물고기가 들어오면 V 자 끝에 설치된 임통(불통)에 갇혀 빠져 나가지 못하게 하여 고기를 잡는 원리로, 임통은 밀물 때는 열리고 썰물 때는 닫히게 되어 있다. 고기잡이는 3~12월에 주로 이루어지며, 멸치가 약 80%를 차지하고 갈치·학꽁치·도다리·농어·감성돔·숭어 등이 잡힌다. 이곳에서 잡힌 고기는 신선도가 높아 최고의 값을 받으며,

멸치 역시 '죽방멸치'라고 해서 최상품으로 대우받고 있다.

현재 죽방렴이 위치한 지족해협의 해바리마을, 지족갯마을, 지족죽방렴마을 3곳이 농어촌 체험마을로 운영되고 있다. 최근에는 해바리마을을 중심으로 3개 마을이 권역단위 종합개발사업을 추진하고 있는데, 그 일환으로 해바리마을에 조성된 지역 활성화 센터가 남해군 어촌 유산 자원을 대표하는 죽방렴이 있는 중심 에코뮤지엄 거점 센터로서의 역할을 충분히 할 수 있을 것이다.

첫 번째 위성 에코뮤지엄으로는 삼동면 물건리에 있는 물건방조어부림(勿巾防潮漁付林)을 선정하였다. 천연기념물 제150호로 지정된 어부림은 원래 어군(魚群)을 유도할 목적으로 해안 등지에 나무를 심어 가꾼 숲을 말하는데, 물건리 숲은 어업보다는 마을의 주택과 농작물을 풍해로부터 보호하는 방풍림 구실을 하고 있는 길이 1,500m, 너비 30m 내외의 숲이다.

두 번째 위성 에코뮤지엄으로는 상주면에 위치한 남해 금산(681m)을 선정하였다. 금산은 한려해상국립공원의 유일한 산악공원으로 기암괴석으로 뒤덮인 38경(錦山三十八景)이 절경을 이루고 있으며, 남해에 있는 크고 작은 섬과 바다를 한눈에 굽어볼 수 있어 삼남지방의 명산으로 손꼽힌다. 정상에는 강화도 보문사, 낙산사 홍련암과 더불어 우리나라 3대 기도 도량의 하나인 보리암이 있어 명승지로서도 유명하며, 멸종 위기종인 팔색조(천연기념물 제204호) 서식지이기도 해서 생태적 가치가 높다.

세 번째 위성 에코뮤지엄은 남면 가천리에 있는 국가지정 명승지 제15호 남해 다랭이마을로, 이곳은 설흘산에서 바다로 급경사를 이룬 산비탈을 깎아 석축을 쌓고 계단식 108층 다랑이 논을 만들어 힘들게 살아온 남해 사람들의 농업유산 산물이 만들어 주는 절경과 주변 해안 풍광이 어우러진 마을이다.

[그림 49] 창선 죽방렴 어업 시설과 해바리 체험 휴양마을 전경

[그림 50] 물건방조어부림

[그림 51] 남해 금산

[그림 52] 다랭이마을

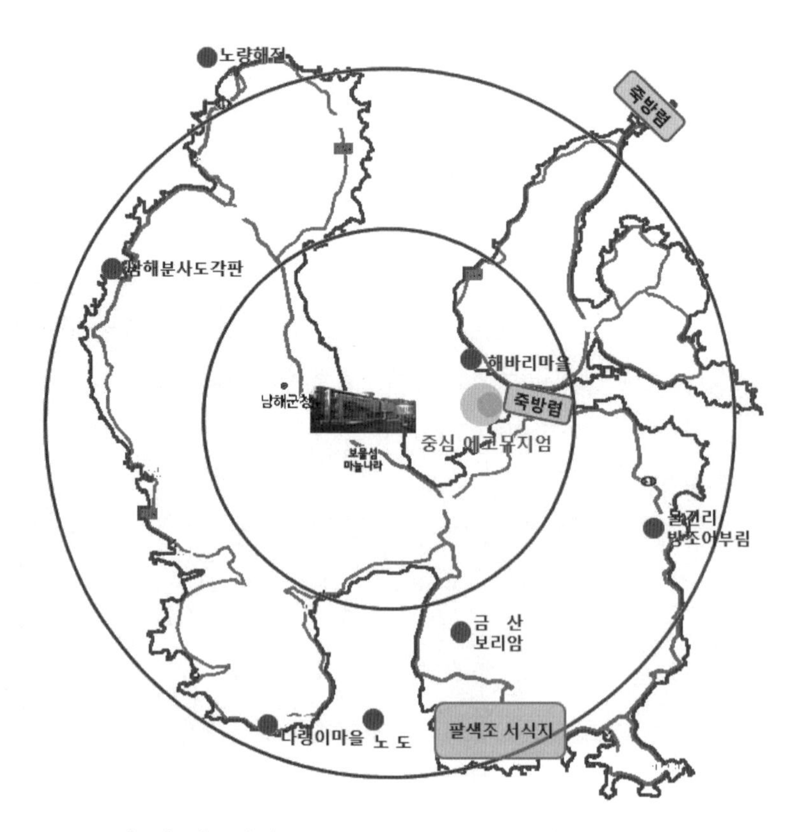

[그림 53] 중심 에코뮤지엄과 위성 에코뮤지엄 선정(농어업유산형)

계획 방향

농어업유산형 에코뮤지엄으로서 남해군에 대한 계획은 남해라는 지역이 갖고 있는 독특한 농어업유산 자원 보전·활용의 균형을 취하여 삶의 터전에 대한 지역 주민들의 자부심을 고취하는 것을 주요 목적으로 하였다. 이와 동시에 남해군의 15개 농어촌 체험 휴양마을과 (사)보물섬체험마을연합회가 에코뮤지엄 사업을 통해 남해군만의 독특한 농어업유산 자원을 중심으로 하나의 연합체를 구성하여 차별화된 공동 마케팅으로 남해군 지역을 활성화하는 것에 그 방향성을 두고자 한다.

중심 에코뮤지엄

남해군의 중심 에코뮤지엄인 '죽방렴'은 500년의 역사를 갖고 있는 남해군만의 독특한 어업유산의 산물로, 2010년 국가명승 제71호로 지정되었고, 죽방렴이라는 단어 그 자체만으로도 브랜드 가치를 갖는 자원이다. 그러나 현재 이 죽방렴은 지나가는 관광객이 그 독특함에 이끌려 배경 사진으로 한 장 남기는 정도이며, 주변 마을사람 일부가 죽방렴 어업을 통해 소득을 올리는 정도에 불과하다. 따라서 본 계획에서는 남해군 창선면 지족해협의 23개 죽방렴이 남해군을 대표하는 어업유산으로서의 가치 창출을 통해 남해군과 주변 마을 활성화를 위한 대표 자원으로 가치를 갖도록 한다.

이를 위해서는 남해군 체험마을협회인 (사)보물섬체험마을연합회가 에코뮤지엄 중간 지원 조직으로의 역할을 하는 마을 간 네트워크가 필요하며, 특히 지족해협의 죽방렴을 중심으로 3개 마을이 각각 체험마을을 운영하고 있어 통합적 관리와 공동 마케팅이 필요하다. 따라서 창선–삼천포대교에서 남해로 들어오는 관문 지역에 위치해 있으며, 남해 지역 체험마을 중 상대적으로 활성화가 잘돼 있고 해바리 권역사업이 시행되면서 '해바리 권역 센터'가 준공돼 대규모 인원이 머무를 수 있는 해바리마을에 중심 에코뮤지엄을 조성하고 죽방렴 지역 체험 관광과 위성 에코뮤지엄 관광의 거점으로 계획하고자 한다.

이 지역을 남해관광의 관문 역할을 하는 중심 에코뮤지엄에서 위성 에코뮤지엄을 연계하는 순환 버스의 출발점으로 계획하고, 이곳에 마을 민박과 숙박 업소 연계를 통한 체류형 관광 기반을 조성한다. 또한 배를 타고 죽방렴을 직접 볼 수 있는 죽방렴 탐방 프로그램을 도입하여, 현재 진행 중인 단순한 낚시나 갯벌체험 위주의 어촌체험에서 벗어나 배를 타고 바다로 나가 직접 죽방렴을 볼 수 있도록 하고, 거기서 잡은 물고기를 관광객이 현장에서 맛볼 수 있는 죽방렴 음식 프로그램을 개발함으로써 보고 느끼고 맛볼 수 있는 '죽방렴' 오감체험 프로그램으로 발전시키도록 한다.

위성 에코뮤지엄

남해군의 위성 에코뮤지엄은 남해군이 갖고 있는 농어업유산의 원형과 독특함을 잘 보여 주는 곳으로, 단순한 활용이나 이용이 아닌 원형 보존을 통한 지속 가능한 활용에 그 초점을 두고 있다. 특히 위성 에코뮤지엄 3곳은 천연기념물 제150호(물건방조어부림), 한려해상국립공원(남해 금산), 국가명승지 제15호(다랭이마을)로 지정된 곳들로 개발보다는 보존·보호 개념에서 접근하는 것이 타당할 것이다.

주변에 남해 독일인마을과 원예예술촌이 있어 1년 내내 관광객이 많이 방문하는 물건방조어부림이 있는 위성 에코뮤지엄은 독일인마을에서 어부림 경관을 바라보는 것만으로도 가치가 있는 곳으로, 마을숲 산책과 숲체험 등의 프로그램을 통한 힐링과 학습의 공간으로 활용하고자 한다.

남해 금산 위성 에코뮤지엄은 한려해상국립공원으로 원효 대사와 태조 이성계의 역사가 어려 있는 곳이며, 대한민국 3대 기도 도량의 하나인 보리암이 있고 팔색조가 서식하는 곳이다. 또한 남해군의 빼어난 산악과 바다의 수려한 자연경관을 볼 수 있는 곳으로, 남해군의 휴양과 역사를 배울 수 있는 공간으로 활용하고자 한다.

남해 다랭이마을은 남해군을 대표하는 명승지이자 농촌체험마을로 다랑이 논을 일구며 살아가는 남해 섬사람들의 고단한 생활사와 그 속에 녹아 있는 문화를 직접 체험할 수 있는 곳으로, 시골 민박과 바닷가 산책 그리고 마을의 음식문화를 맛볼 수 있다. 다랑이 논이 병풍처럼 감싸고 있고 바다를 볼 수 있는 시골 민박집에서 하루를 편안하게 쉬어 갈 수 있는 곳으로 활용하도록 한다.

에코뮤지엄 간 연계 계획

중심 에코뮤지엄이 창선도 지족에 위치한 반면, 3개의 위성 에코뮤지엄은 남해도 본섬의 삼동면, 상주면, 남면에 위치해 있어 차로 30분 이상 이동해야 한다. 따라서 중심 에코뮤지엄을 찾은 방문객이 본인의 차량이 아닌, 해설사가 탑승한 남해 순환 버스를 타고 남해군 에코뮤지엄을 탐방하는 것이 더 효율적일 것으로 판단된다.

[그림 54] 일본 가가와 현 나오시마 마을 순환 버스

[그림 55] 우미노에키(海の驛) 사례

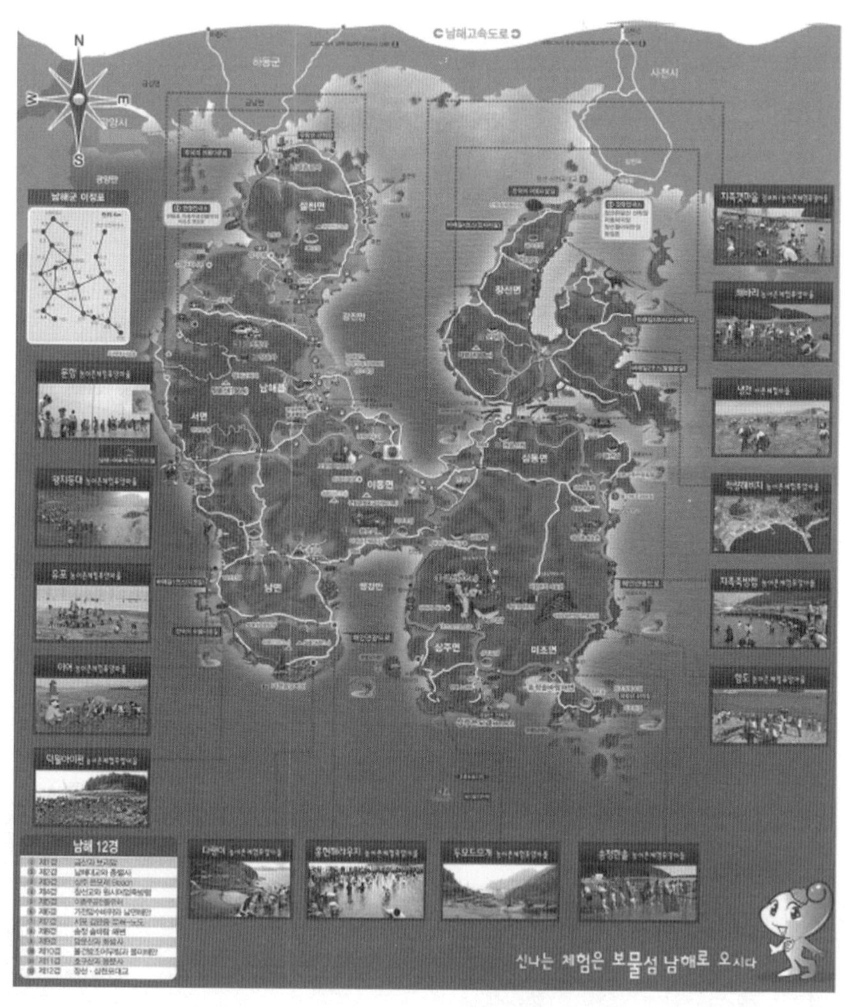

[그림 56] 남해군 15개 체험휴양마을과 걷는 길 연계 지도

제6장

농어촌유산과 에코뮤지엄의 현재와 미래

보전과 활용의 균형을 맞춘 에코뮤지엄

농촌유산에 에코뮤지엄을 적용하는 이 연구의 가장 큰 특징은 종래의 농촌개발정책과는 정반대의 지향점이라고 할 수 있는, 보전을 통한 발전을 모색하는 보전 지향적 농촌개발정책 축을 형성하고 실천해야 한다는 것을 주장하고 있다는 것이다.

돌이켜 보면 지난 반세기 동안의 우리나라 농촌개발정책은 보전보다는 개발을 위주로 하는 개발 지향적 정책이었다고 해도 과언이 아니다. 도시와 농촌의 생활환경 및 소득 수준 격차를 해소하거나 농촌 발전을 위해 농촌이 보유하고 있는 자원을 보전보다는 개발이라는 관점에서 접근해 왔다고 할 수 있다. 2000년대를 전후하여 유럽의 장소 지향적 접근(Place-based approach)이라는 개념이 들어와 지역 자원에 대한 재조명과 지역 자원을 활용하여 농촌 지역을 차별화하려는 시도를 한 바 있으나, 이 또한 자원의 이용과 활용에만 관심을 두었고 자원 자체의 보전에는 그다지 관심을 기울이지 못하였다.

그러나 2012년 이후 FAO의 세계중요농업유산(GIAHS)이 우리 사회에 소개되면서 정부는 국가농어업유산 제도를 도입한 바 있고, 국가농업유산 지역으로 지정된 지역에 대해 보전을 위한 계획이라고 볼 수 있는 다원적 자원 활용사업을 시행하게 되었다. 나아가 FAO는 GIAHS로 등재된 지역에 대한 보전 계획(Conservation action plan)을 수립·시행할 것을 요구하고 있다.

그러나 우리나라 농촌개발사업은 개발을 지향하는 사업을 주로 해왔기 때문에 보전을 지향하는 사업을 어떻게 할 것인가에 대한 연구가 부족하고, 농업유산 지역 보전 계획을 어떻게 수립할지에 대한 경험 또한 많지 않다. 이러한 문제의식을 배경으로, 본 연구는 농촌개발에 있어 보전을 지향하는 정책 축이 새롭게 만들어져야 한다는 입장에서 에코뮤지엄 적용을 통해 보전·활용을 동시에 추구하는 하나의 농촌 발전 모델을 제시하고자 하는 것이다.

보전을 지향하는 농촌개발정책이라는 새로운 정책 축을 형성하기 위해서는 많은 연구가 선행되어야 하고, 이를 적용하는 시범사업 등의 시도를 통해 한국 실정에 적합한 정책 모형을 찾아야 한다는 것은 분명하다.

첫째, 농촌 정책의 목표가 전면적으로 수정되어야 한다.

농촌 정책의 목표는 시기별로 농업생산성 향상, 도·농 간 생활환경 격차 해소, 어메니티(Amenity) 자원을 활용한 특색 있는 농촌개발 등의 방향으로 전개되고 있다. 그러나 선진국으로 진입해야 하는 현재 상황에서는 농촌 자원을 개발·활용하는 단계에서 한 걸음 더 나아가 가치 있는 농촌 자원 자체를 보전하는 새로운 보전형 농촌개발정책 목표도 나타나야 할 시점이라고 생각된다.

현재까지의 농촌개발정책은 농촌사람들의 배고픔 해소, 농촌사람들의 편리성과 복지 추구, 농촌 지역 경쟁력 제고 등 농촌에 사는 사람을 중심에 두고 생각하는 방식이 일반적이었다. 그러나 앞으로의 농촌정책은 사람과 자연의 조화라는 관점에서 지속 가능한 개발이 더 중요해지고 있으며, 사람과 자연의 공생 관점에서, 때로는 정책 목표가 사람에 있지 않고 농촌에 있는 가치 있는 유산 자체를 보전하는 관점이 대두되고 있다. 이것이 바로 현재 지구가 당면하고 있는 문제 해결에 기여하고 궁극적으로 인간의 삶의 질을 제고할 수 있을 것으로 여겨진다.

이러한 보전을 지향하는 구체적인 가치는 바로 FAO의 세계중요농업유산 가치 평가 기준에서 찾아볼 수 있다. 생물다양성, 문화다양성, 식량생산과 안전성, 전통적인 농법 및 지식, 아름다운 경관 등 5가지 가치를 보유하고 있는가에 따라 유산이냐, 아니냐를 판단하고 있다. 이러한 가치 기준은 종래 우리나라 농촌개발이 지향해 온 가치와 달리, 인간의 조화로운 삶을 지향하는 지속 가능성 측면에서 생물다양성을 매우 중요하게 생각하고 있다. 농촌 정책 자체가 인간의 삶의 질과 복지에 초점을 두는 것이 아니라 생태계 회복과 건강성에 초점을 두는 쪽으로 바뀌고 있다는 것이다. 그리고 개발 과정에서 등한시했거나 훼손되었던 역사와 문화에 대한 재인식을 바탕으로 무분별한 개발이 아니라 보전할 것은 보전하는 것을 매우 중요한 가치로 생각하고 있다.

보전을 지향하는 농촌개발정책이 바로 농업유산의 가치 기준을 추구하는 정책으로 전환되어야 함을 의미한다. 이러한 기준의 적용은 농촌공간에 대한 재해석을 가능하게 하고, 종래의 관점에서는 의미가 없던 자원이 새로운 가치를 지니는 중요한 자원으로 거듭나는 등의 변화를 가져올 것으로 생각된다. 이를 통해 농촌 공간 고유의 전통성을 찾아내고 이를 기반으로 농촌 공간의 정체성을 확립해 나갈 수 있다.

둘째, 보전 대상을 농업유산에서 농촌유산으로 확대할 필요가 있다.

농촌 다원적 활용사업의 대상은 국가농업유산 지역으로 지정된 지역에 한정돼 있다. 2012년부터 매년 2개씩 지정되고 있는데, 지정 건수가 많지 않기 때문에 정책 확산이라는 측면에서 한계가 있다. 따라서 보전적 농촌 정책의 대상 범위를 '농업유산'에 한정하지 않고, '농촌유산'의 개념을 확립하고 이 농촌유산의 방향으로 대상을 확대하는 것이 바람직할 것이다. 유럽에서는 농촌유산(Rural heritage)이라는 용어를 사용하고 있고, 보전하고 전승할 만한 중요한 자원으로 인정하고 있다.

구체적으로 본 연구에서는 기존 농업유산을 보전하는 농업유산형이라는 유산 이외에 생태·환경과 관련된 유산의 영역, 그리고 주민들의 생활 속에서 만들어진 생활유산의 영역이 새롭게 포함될 가능성이 있다. 즉, 농업유산이 농촌 주민들의 영농활동과 관련된 토지이용 시스템과 경관이라는 관점에서 지정된 것이라면, 농촌유산은 농업유산을 포함하면서 농촌 주민들의 일상 삶 속에서 만들어진 생활유산을 포함하는 개념이다. 따라서 농촌유산은 농촌 주민의 일상적인 삶과 영농활동과정에서 형성된 생물다양성이 풍부한 농촌 토지이용 시스템과 경관이라는 관점에서 접근되고 있다.

나아가 농촌유산의 개념을 확대하는 또 하나의 방법은 농촌유형유산과 농촌 무형유산으로 나누는 것이다. 이 방법은 기존 농업유산이 유형과 무형을 통합적으로 접근하는 것이라면, 여기서는 유형·무형을 분리하여 각각 지정한다는 측면에서 의미가 있다. 실제의 유산은 유형과 무형을 동시에 포함하기보다는 어느 한쪽을 포함하는 경우가 다수다. 유형-무형으로 나눌 경우 보전·활용 측면에서 매우 많은 유산이 발굴될 수 있어 농촌유산의 범위가 넓어진다는 면에서는 하나의 활로가 될 수 있으나, 기존 농업유산이 가지고 있는 특징인 유형과 무형을 통합적으로 접근하는 것과 다르다는 면에서 향후 좀 더 심도 있는 연구가 필요하다.

셋째, 사업 대상 공간에 대한 전면적 재검토가 필요하다.

지난 50년이라는 긴 시간 동안 우리나라 농촌개발정책은 농촌 마을 공간을 대상으로 이루어져 왔다. 그러나 마을 공간은 근대화 과정에서 근본적인 변화에 직면해 있다. 농촌 마을의 가장 중요한 특징이었던 농업활동과 일상생활에 있어서의 공동체적 삶의 방식이 근본적으로 바뀌고 있다. 농업이 차지하는 비중과 농가 비중이 줄어들고 있고, 도시에서 이주한 귀농인, 귀촌인 비중이 증가하고 있다. 같은 성씨와 농업을 기반으로 이루어져 온 농촌공동체가 점차 완화되고 있는 것이다.

나아가 농촌 주민의 생활권이 넓어지고 있다. 교육권, 시장권, 의료권, 복지 서비스권 등의 영역이 마을 단위를 넘어 읍·면 단위 또는 시·군 전체의 공간 단위로 확대되고 있다. 그럼에도 불구하고 우리나라의 농촌개발 정책은 여전히 마을이라는 과거의 관행에서 벗어나지 못하고 있다. 이러한 변화에 대한 분석을 통해 새로운 농촌 정책의 대상 공간이 찾아져야 할 시점에 있다.

마을 공간을 대상으로 하는 기존 정책의 대안으로 자원의 발굴과 연계 및 활용을 강조하는 관점에서 자원권을 상정해볼 수 있다. 일반 농산어촌 개발사업 대상 지역은 단일 마을, 마을을 연결한 권역 또는 읍·면 단위 지역이지만, 농촌유산을 보전·전승하는 에코뮤지엄 사업의 경우 공간적 범위가 농촌유산이 존재하는, 다시 말하면 보전할 만한 가치가 있는 자원이 존재하는 자원권을 대상으로 한다. 농촌유산을 적용할 경우 농촌유산이 분포하는 마을을 벗어나 읍·면에 걸쳐 또는 시·군 전체에 걸쳐 나타나는 경우가 많다.

자원권은 기존의 행정구역에 기반한 방식의 사업이 아니라 자원 분포에 기반한 사업이라는 측면에서 공간이 매우 유연하고 탄력적으로 지정될 수 있다. 다시 말해 행정단위(리, 읍·면, 군)로 구분이 가능할 뿐만 아니라 자원권(생태권, 경관권, 생활문화권, 농업(유산)권 등)으로 그 범위를 다양하게 설정하는 것이 가능하다.

넷째, 사업주체를 마을 주민을 포함한 주민조직으로 확대해야 한다.

우리나라의 전통적인 농촌개발 주체는 마을공동체를 기반으로 한다. 마을 주민 중에서도 농업을 영위하는 농민 중심으로 이루어져 있다.

전술한 바와 같이 최근의 귀농·귀촌 인구 증가에 따라 농촌에 도시민의 이주가 늘어나고 있다. 마을에 따라서는 원주민보다도 도시에서 이주한 주민이 많은 곳도 다수 나타나고 있다. 그리고 마을 주민의 생활권이 마을의 공간적 범위를 벗어나 광역화되고 있다. 이러한 과정에서 주민들의 삶은 마을 내 주민끼리의 공동체적 삶도 존재하지만 마을과는 관계없는 주민들의 취미활동, 학습모임, 영농 및 농촌 발전과 관련된 각종 모임 등 매우 다양한 활동이 늘어나고 있으며, 이를 기반으로 새로운 주민 조직이 등장하고 있다.

외국의 경우도 이러한 주민 조직을 농촌개발에 있어 매우 중요한 주체로 인정하는 방향으로 전개되고 있다. 일본의 경우 비영리 조직(NPO)이 농촌개발 현장에서 중요한 주체로 인정받고 있으며, 기존의 노령화된 농촌 주민을 보완하면서 새로운 혁신을 불어넣을 수 있는 주체로 등장한 바 있다. EU의 LEADER 프로그램의 경우도 농촌개발을 함에 있어 농촌개발 제안서를 작성하는 주체는 마을공동체가 아니라 농촌에서 활동하고 있는 단체(Local action group)를 광범위하게 인정하고 있다.

그러나 우리나라의 경우 마을공동체, 특히 농민 조직의 범위를 벗어나지 못하는 경향을 보이고 있다. 농촌에서의 삶의 방식 변화, 해외 농촌개발 주체의 변화를 충분히 받아들이지 못하고 있다. 이제는 과거의 전통적 개발단위인 마을기반형 농촌개발사업을 그대로 유지하면서 농촌 주민들의 자생적 조직을 활용하는 주민 조직 기반형 농촌개발사업(윤원근, 2013)을 시행해볼 때가 되었다. 이러한 주민 조직을 기반으로 할 경우 농촌개발의 공간적 범위가 매우 유연해지고 탄력적으로 된다는 측면에서 전술한 농촌

개발사업 공간의 새로운 형태인 자원권과 일맥상통한다고 생각된다.

다섯째, 보전·활용을 동시에 추구하는 방안의 모색이 필요하다.

보전형 농촌발전정책을 고안함에 있어 또 하나의 중요한 과제는 어떻게 보전·활용할 것인가에 대한 방법이 일반화되지 못하고 있다는 점이다. 그동안 대부분의 농촌개발정책이 개발을 지향함으로써 자원의 보전을 어떻게 할 것인가에 대한 고민보다는 자원을 어떻게 사용·활용할 것인가에 대한 고민을 더 많이 해왔기 때문이다. 그래서 보전을 통한 성장의 방법론이 일반화되지 못하고 있다.

이러한 문제를 풀어줄 수 있는 하나의 방법론으로 에코뮤지엄 방식을 적용하는 것이다. 농촌유산에 대한 에코뮤지엄 적용은 다음의 네 가지 측면에서 하나의 새로운 방법론이 될 수 있다.

에코뮤지엄은 보전·활용의 균형을 강조하고 있다. 기존 사업이 대부분 보전이라는 용어를 앞세우는 정책이 없었다는 점에서, 농촌개발사업에 있어 기존 사업과는 정반대의 새로운 축을 만든다는 점에서 농촌개발정책의 전환을 의미할 수도 있다.

에코뮤지엄은 특정 지점이 아닌 자원권이라는 권역을 대상으로 한다. 자원권에는 다양한 자원이 분포할 수 있으므로 자원을 어떻게 분석하고 판단할 것인가가 선행되어야 한다. 자원에 대한 판단을 통해 센터로서 역할을 할 수 있는 자원 공간에는 에코뮤지엄센터를 설치하고, 센터와의 연계를 유지·보완할 수 있는 자원은 위성 에코뮤지엄으로 구분한다.

그리고 에코뮤지엄센터와 위성 에코뮤지엄을 연계하는 것이다. 그동안 우리나라의 농촌개발사업은 점적 개발을 위주로 해왔다. 권역 단위를 대상으로 하는 사업이 없는 것은 아니지만 몇 개의 마을을 연계하는 정도에서 그치고 있다. 여기서 제안하는 것은 몇 개의 마을 차원이 아니라 자원의 특성과 분포 면에서 몇 개의 읍·면을 합친 규모일 수도 있고, 시·군 전체의 관점에서 접근할 수도 있다. 다양한 자원권을 대상으로 자원을 조사·분석하고, 자원의 우선 순위와 중요도를 판단하고 교통 체계를 고려해서 자원을 연계하는 방법을 제시하는 것이다.

에코뮤지엄 방식에서 또 하나 고려해야 하는 것은 에코뮤지엄을 보전·전승하는 일을 할 수 있는 주체를 형성하는 것이다. 전술한 바와 같이 농촌개발의 주체는 이제 마을공동체를 벗어나 자원을 발굴하고 지키는 사람들의 모임이 되어야 한다. 그들의 사는 곳이 중요한 것이 아니라, 농촌자원에 대하여 이해하고 보전하고 활용하는 일에 관심을 가지고 있는 사람들의 모임이어야 한다. 조직을 만들고 조직 구성원의 전문성을 높여 그들로 하여금 농촌유산을 이해하게 하고, 유지·보전하는 일에 관심을 갖게 해야 한다. 농촌 에코뮤지엄은 주민이 주체가 되어 그들이 살고 있는 농촌지역의 귀중한 지역 유산을 발굴하여 가치를 부여하고 이를 체계적으로 연결함으로써 농촌 전체를 하나의 야외 박물관으로 만들자는 정책이다. 농촌 주민이 그들이 살고 있는 지역에 대해 자긍심을 가지고 살아갈 수 있도록 지역의 정체성을 고양시키는 데 궁극적인 목적이 있다. 농촌 에코뮤지엄은 지역 주민이 보전의 개념과 가치에 동의하고, 이들의 자발적·적극적 참여를 통해 이루어져야 한다는 점이 중요하다.

여섯째, 농촌 토지이용 제도 개선이 요구된다.

농촌 토지이용 제도의 개선 없이는 보전적 농촌 정책의 도입은 매우 어려운 것이 현실이다. 현재의 농촌 토지이용 제도는 농촌 주민의 영농활동이나 공공단체가 수행하는 사업에 대하여는 농촌 토지의 전용이 비교적 용이하다. 그리고 현 상황이 경제를 활성화시키는 것에 우선순위를 두고 있기 때문에 농촌유산을 보전하기 위한 새로운 규제를 만드는 것에 거부감을 느낄 수 있다.

그럼에도 불구하고 도시 근교의 농촌은 물론, 도시에서 멀리 떨어진 농촌 지역을 불문하고 난개발이 진행되고 있다. 도시 근교는 인구 증가로 인한 주택 건설, 공장 건설 등에 따라 난개발이 진행되고 있고, 일반 평야 지역이나 산간 지역의 경우는 도시에서 이주해 온 사람들이 보다 값싸게 전원주택 등을 건축하기 위한 토지를 확보하는 수단으로 농지와 산지를 무분별하게 훼손하는 사례가 나타나고 있다.

이에 따라 우리나라의 농촌 공간은 농촌 토지이용 계획에 따른 계획적 개발이 아닌 난개발이 여기저기서 성행하고 있다. 이러한 상황에서는 보전을 위주로 하는 정책의 수행이 매우 어렵다. 일부 지역에서는 농업유산 지정을 신청했다가 규제가 있을 것이라는 짐작에 주민들이 반대하여 신청서를 철회하는 경우도 있다. 어떤 지역은 문화재청의 명승지역 지정으로 방문객이 증가함에 따라 인근 지역에 펜션이 들어서는 등 오히려 문화재 보전을 해치는 사례가 증가하고 있다. 농업유산으로 지정된 제주도 지역의 경우 관광객 급증에 따라 숙박 시설이 필요해지고, 이러한 숙박 시설을 제주도 중산간 지역에 건설함에 따라 제주도의 농업유산을 훼손하거나 제주도가 보유하고 있는 본질적 가치를 훼손하는 사례가 생기고 있다. 정부가 자금을 들여 그 지역이 가지고 있는 가치를 증진하는 것이 아니라, 꼭 보전해야 할 지역의 가치를 오히려 훼손하는 정책을 펼치는 결과가 되고 있다.

왜 이런 현상이 나타나는 것인가? 그것은 도시 지역에 비해 농촌 지역을 관리하는 토지이용 관련 제도가 미비하기 때문이다. 법률과 조례를 통해, 그리고 주민활동을 통해 보전적 농촌개발정책이 가능하도록 농촌 토지이용과 관련된 제도를 만들어 나가야 한다.

참고문헌

제1장 농촌유산

농림축산식품부 한국농어촌공사 농어촌연구원,「에코뮤지엄 시범 조성 모델 개발 연구」, 2014

박헌춘,「에코뮤지엄 개념을 적용한 농촌 마을 만들기」, 충북대 박사학위논문, 2011

방한영,「농촌 활성화를 위한 지역 유산 활용 및 마을 만들기에 대한 연구」, 청주대 박사학위논문, 2003

오민근,「문화적 경관 개념의 도입과 보호 체계」, 국토논단, 2005

농림축산식품부 한국농어촌공사 농어촌연구원,「농어촌 자원의 농어업유산 지정을 위한 기준 정립 및 관리 시스템 개발 연구」, 2012

한국농어촌유산학회,『농어업유산의 이해』, 청목출판사, 2013

제2장 에코뮤지엄

농림축산식품부 한국농어촌공사 농어촌연구원,「에코뮤지엄 시범 조성 모델 개발 연구」, 2014

박헌춘,「에코뮤지엄 개념을 적용한 농촌 마을 만들기」, 충북대 박사학위논문, 2011

방한영,「농촌 활성화를 위한 지역 유산 활용 및 마을 만들기에 대한 연구」, 청주대 박사학위논문, 2003

송주희,「지역 활성화를 위한 에코뮤지엄」,『향토사연구』21집, 2010

신현요,「에코뮤지엄의 발전 과정과 개념적 특징에 대한 연구」, 청주대 석사학위논문, 2005

오민근,「문화적 경관 개념의 도입과 보호 체계」, 국토논단, 2005

최효승,「주민 참여에 의한 농촌 마을 계획 과정과 지역 통째로 박물관 개념의 적용 실험」, 건축학회지, 2006

농림축산식품부 한국농어촌공사 농어촌연구원,「농어촌 자원의 농어업유산 지정을 위한 기준 정립 및 관리 시스템 개발 연구」, 2012

한국농어촌유산학회, 『농어업유산의 이해』, 청목출판사, 2013
UNESCO, The ecomuseum-an evolutive definition, Museum, 1985

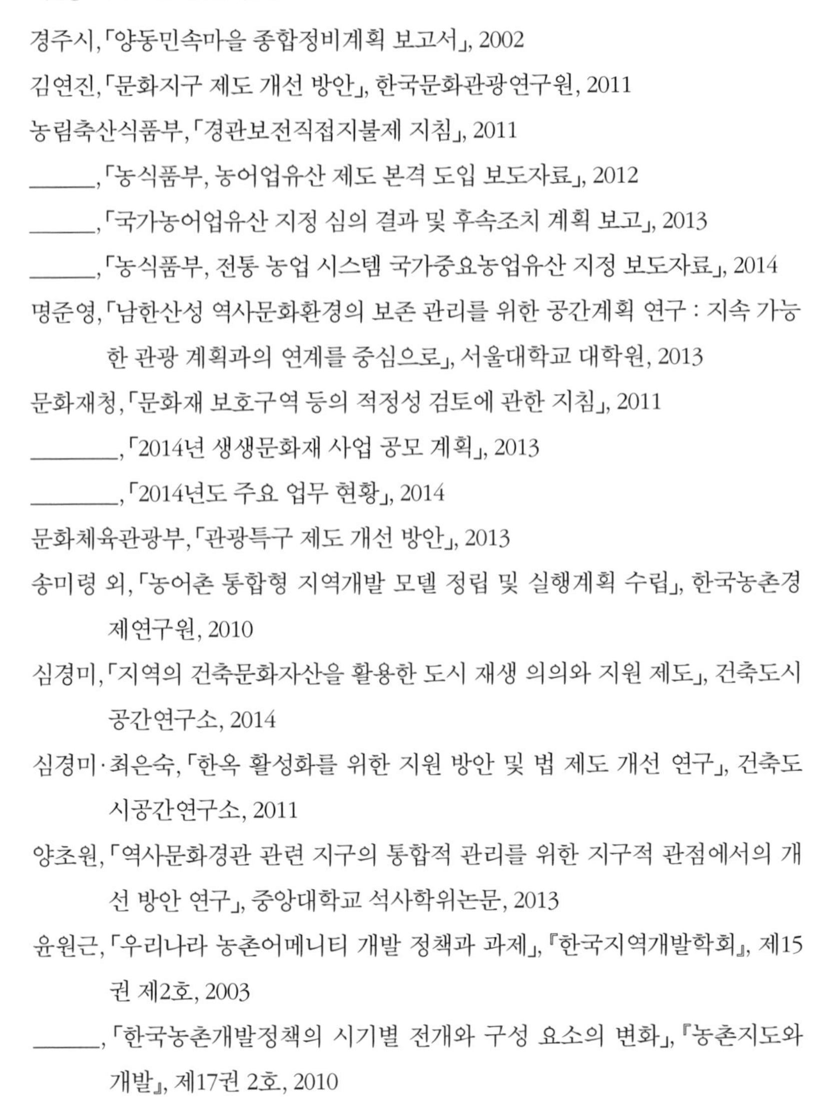

제3장 국내 보전 관련 정책

경주시, 「양동민속마을 종합정비계획 보고서」, 2002
김연진, 「문화지구 제도 개선 방안」, 한국문화관광연구원, 2011
농림축산식품부, 「경관보전직접지불제 지침」, 2011
______, 「농식품부, 농어업유산 제도 본격 도입 보도자료」, 2012
______, 「국가농어업유산 지정 심의 결과 및 후속조치 계획 보고」, 2013
______, 「농식품부, 전통 농업 시스템 국가중요농업유산 지정 보도자료」, 2014
명준영, 「남한산성 역사문화환경의 보존 관리를 위한 공간계획 연구 : 지속 가능한 관광 계획과의 연계를 중심으로」, 서울대학교 대학원, 2013
문화재청, 「문화재 보호구역 등의 적정성 검토에 관한 지침」, 2011
________, 「2014년 생생문화재 사업 공모 계획」, 2013
________, 「2014년도 주요 업무 현황」, 2014
문화체육관광부, 「관광특구 제도 개선 방안」, 2013
송미령 외, 「농어촌 통합형 지역개발 모델 정립 및 실행계획 수립」, 한국농촌경제연구원, 2010
심경미, 「지역의 건축문화자산을 활용한 도시 재생 의의와 지원 제도」, 건축도시공간연구소, 2014
심경미·최은숙, 「한옥 활성화를 위한 지원 방안 및 법 제도 개선 연구」, 건축도시공간연구소, 2011
양초원, 「역사문화경관 관련 지구의 통합적 관리를 위한 지구적 관점에서의 개선 방안 연구」, 중앙대학교 석사학위논문, 2013
윤원근, 「우리나라 농촌어메니티 개발 정책과 과제」, 『한국지역개발학회』, 제15권 제2호, 2003
______, 「한국농촌개발정책의 시기별 전개와 구성 요소의 변화」, 『농촌지도와 개발』, 제17권 2호, 2010

윤원근 외 8인,「농어업유산의 이해」,『한국농어촌유산학회』, 2014

이수진 외,「파주 헤이리 문화지구 운영 성과 및 발전 방안」, 경기개발연구원, 2013

이해진,「농촌정책 패러다임의 변화와 농촌 지역개발사업 : 농촌 마을 종합개발사업을 사례로」,『농촌사회』 제19집 제1호, 2009

정석,「역사문화환경의 면적 보전 제도 도입 방안」,『한국도시설계학회지』, 제10권 제4호, 2009

제해성,「지역건축자산의 보존 및 활용을 위한 관리 기반 마련 연구」, 2012

______,「한옥 등 건축자산의 진흥에 관한 법률 하위 규정 마련 연구」, 2013

환경부,「자연생태 우수마을 및 복원 우수사례 선정 지침」, 2003

______,「자연환경 보전 기본 계획(2006~2015)」, 2006

______,「생태·경관 보전 지역 업무 지침」, 2009

______,「생태·경관 보전 지역 지정 현황」, 2010

______,「생물다양성 관리계약사업 시행 지침」, 2011

______,「자연생태 우수마을 4개소 재지정」, 2013

______,「제3차 국가생물다양성 전략 보도자료」, 2014

제4장 국외 사례

□ 일본 사례

김두환,「過疎地域におけるNPO活動の展開と住民参加に着目した実践的地域運営方法: 石川県輪島市町野町金蔵集落の'NPO法人金蔵学校'の取り組みから」, 日本建築学会計画系論文集, 77(675), 2011

______,「일본의 농어촌 정주공간 관련 정책과 시사점」, 성주인 편,『해외 농어촌 정주공간 관련 정책 동향과 시시점 II』, 2013

______,「日韓の過疎地域における農村地域づくりに関する研究 : 主体間·地域間連携に着目して」, 神戸大学博学位論文, 2014

여경진·주영민,「일본 에코뮤지엄의 형성과 목적」,『농촌관광연구』 14(1), 한국농촌관광학회, 2007

윤원근 외 8명, 『농어업유산의 이해』, 청목출판사, 2014
北はりまハイランド構想調査研究会, 《北はりまハイランド構造基本計画(報告書)》, 1995
______, 「北はりま田園空間博物館コンセプト等概略資料」, 1995
北はりまハイランド推進協議会, 「北はりまハイランド構想-アクションプランⅡ」, 2001
特定非営利活動法人北はりま田園空間, 《北はりま田園空間博物館まるごとガイ》, 2014
______, 「기타하리마 전원공간박물관 설명 자료」, 2014
宮川流域ルネッサンス協議会·三重県, 《宮川プロジェクト活動集2013》, 2013
______, 「宮川流域ルネッサンス事業のこれまでの歩み」, 2013
中野喜吉, 「宮川流域でのエコミュージアム(현지 시찰 자료)」, 2014
糸長浩司, 「キーワード紹介23 'エコミュージアム'」, 『農村計画学会誌』, Vol, 14(4), 1996
新井重三, 『[実践]エコミュージアム入門 : 21世紀のまちおこし』, 東京 : 牧野出版, 1995
環境省, 「第4章 第7節 自然とのふれあいの現状」, 『1996年度環境白書』, 1996
______, 「自然公園等事業 : 別紙 3」, 2001
______, 「人と自然との共生懇談会資料5～1 : 石川県における里山里海を中心とした地域活性化の取組事例」, 2011
内閣府, 「行政刷新会議ワーキンググループ事業仕分けの評価結果(平成21年11月11日～13日, 16日, 17日, 24日～27日実施)」, 2009
農林水産省, 「田園整備事業実施要領(最終改正2007年)」, 1998
石川県, 「石川県における生物多様性の取り組み : 里山里海利用保全を中心として」, 2010
石川県里山創生室, 「事務事業シート(行政経営Cシート)事業名 : 里山里海ミュージアム創造支援事業」, 2011
石川県里山振興室, 「事務事業シート(行政経営Cシート)事業名 : 先駆的里山保全

地区創出支援事業」, 2013

輪島市教育委員会,《輪島市大沢·上大沢間垣と里海·里山の文化的景保存調査報告書(案)》, 2011

金沢大学地域連携センター'里山プロジェクト事務局',《里山プロジェクト'里山駐村研究員制度' 総括報告書 : 里山里海の再生と地域連携－金沢大学の挑戦》, 2010

堀内美緒·井池光信·見供めぐみ,『金蔵の生活誌, 奥能登金蔵聞き書きチーム』, 能登印刷株式会社, 2013

角野幸博·水野優子,「エコミュージアムの日本的展開 : 北はりま田園空間博物館を事例に」, 都市計画, 50(2), pp. 17-20, 2001

安藤滝二,「朝日町エコミュージアムについて : 住民一人ひとりが学芸員」, エコミュージアム研究18, 2013

川嶋清志,「山王祭り」, 七浦民俗誌編纂会編,『七浦民俗誌』, 高桑美術印刷株式会社」, 1996

兵庫県,「加美町岩座神地区景観ガイドライン」, 1999

ㅁ 프랑스 사례

나애리,「1980년대 이후 프랑스 박물관의 변화와 문화정책」,『프랑스문화예술연구』8권 3호 제18집, pp. 67～93, 2006

이재영,「프랑스 에코뮤지엄 사례 연구 : 부르고뉴 지방을 중심으로」,『글로벌문화콘텐츠』, pp. 191～218, 2012

이재영·이종오,「프랑스 에코뮤지엄 개념의 형성과 발전과정 연구」,『EU연구』 제28호, 2011

Andrieu, Claire, L'écomusée et le musée de société : Définition, organisation, économie des services, problématiques d'accompagnement. Les Repères de l'Avise, Agence de Valorisation des Initiatives Socio-Economiques, Culture n˚, Juin 2009

Cousin, Saskia, Un brin de culture, une once d'économie : écomusée et économusée[en ligne]. Publics & Musées, n°17-18, Écomusée et

Économusée, pp. 115～137, 2000

Chaumier, Serge, Une nouvelle approche de l'écomusée. Des musées en quête d'identité : écomusée versus technomusée, Culture & Musées, n°6, pp. 169～170, 2005

Davis, Peter, Ecomuseums, A Sense of Place, Bloomsbury Academic, 2011

Hubert, François, Les écomusées en France : contradictions et déviations, Museum, n°148, pp. 186～190, 1985

Rivière, Georges Henri, Définition évolutive de l'écomusée, Museum, n°148, pp. 182～183, 1985

Varine-Bohan, Hugues de, L'écomusée : au-delàdu mot, Museum, n°148, p. 185, 1985

http://ecomusees.wikispaces.com/Accueil

http://www.fems.asso.fr/

http://www.culturecommunication.gouv.fr/

http://www.culturecommunication.gouv.fr/Disciplines-et-secteurs/Musees/Organismes/Musees-de-France

http://www.ecomusee-alsace.fr/

http://www.ecomusee-rennes-metropole.fr/

http://www.ecomuseeduperche.com/

http://www.ecomusee-de-la-bresse.com

ㅁ 영국 사례

Conybeare, C.. Our land, your land : How UK museums are developing the ideals of the ecomuseum and how the Trevithick Trust is hoping to present the landscape and industry of Cornwall, Museums Journal, vol. 96, no. 10, pp. 26-30, 1996

Pablo Alonso Gonzalez, Cultural Parks and National Heritage Areas : Assembling Cultural Heritage, Development and Spatial Planning, Newcastle upon Tyne : Cambridge Scholars Publishing, 2013

Peter Davis, Ecomuseums-A Sence of Place, London and Newyork : Leicester University Press, 1999
Sabrina Hong Yi, The Model of Chinese Ecomuseums¯Benchmarking. Evaluation and a Comparison with Australian Open-air Museums, PhD thesis. Deakin University, Australia, 2013
http://www.flodden1513.com(2015. 1. 30.)
http://www.easdalemuseum.org(2015. 1. 30.)

제5장 농촌유산에 에코뮤지엄 개념의 적용

권순구,「조선 후기 봉산정책(封山政策)의 분석」,『한국정책과학회보』제11권 제1호, 2007
김외정,「금강소나무 가치의 재조명(I)」,『산림경영』152, 8-14, 2001
오남현,「산지촌의 농업토지이용 변화와 특성 - 경북 영양군 석보면 요원리 지역을 사례로」,『대한지리학회지』37권 1호, 2002
정도채,「국가농업유산으로 벽골제」, 한국농업사학회 추계학술대회, 2013
조용순,「경남 남해군 지족해협의 죽방렴에 관한 연구」, 경상대학교, 2005
통계청,「2012년 경지 면적 조사 결과 보도자료」, 2013
금강소나무길(http://www.uljintrail.or.kr)
남해군문화관광(http://tour.namhae.go.kr)
남해해바리마을(http://haebari.go2vil.org)
두산백과(http://www.doopedia.co.kr)
울진왕피천 생태관광이야기(http://www.wangpiecotour.com)
한국민족문화대백과(http://encykorea.aks.ac.kr)

제6장 농어촌유산과 에코뮤지엄의 현재와 미래

윤원근,「주민 기반형 농촌 지역개발 정책 시스템 구축에 관한 연구」,『농촌지도와 개발』제20권 제4호, 한국농촌지도학회, 2013